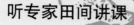

听专家田间讲课

CAITUBAN
MIHOUTAO
ZAIPEI JI
BINGCHONGHAI
FANGZHI

彩图版 猕猴桃
栽培及病虫害防治

刘兰泉　主　编

王　东　副主编

U0256240

中国农业出版社

编著者

主　　编：刘兰泉（重庆三峡职业学院）

副主编：王　东（重庆三峡职业学院）

参　　编：（排名不分先后）

　　　　　吴　琼（重庆三峡职业学院）

　　　　　刘　露（重庆三峡职业学院）

　　　　　覃贵勇（重庆三峡职业学院）

　　　　　李　翔（重庆三峡职业学院）

　　　　　许　彦（重庆三峡职业学院）

主　　审：龙仕平（重庆三峡职业学院）

出版说明

保障国家粮食安全和实现农业现代化，最终还是要靠农民掌握科学技术的能力和水平。为了提高我国农民的科技水平和生产技能，向农民讲解最基本、最实用、最可操作、最适合农民文化程度、最易于农民掌握的种植业科学知识和技术方法，解决农民在生产中遇到的技术难题，中国农业出版社编辑出版了这套"听专家田间讲课"丛书。

把课堂从教室搬到田间，不是我们的最终目的，我们只是想架起专家与农民之间知识和技术传播的桥梁；也许明天会有越来越多的我们的读者走进校园，在教室里聆听教授讲课，接受更系统、更专业的农业生产知识与技术，但是"田间课堂"所讲授的内容，可能会给读者留下些许有用的启示。因为，她更像是一张张贴在村口和地头的明白纸，让你一看就懂，一学就会。

本套丛书选取粮食作物、经济作物、蔬菜和果树等作物种类，一本书讲解一种作物或一种技能。作者站在生产者的角度，结合自己教学、培训和技术推广的实践经验，一方面针对农业生产的现实意义介绍高产栽培方法和标准化生产技术，另一方面考虑到农民种田收入不高的实际问题，提出提高生产效益的有效方法。同时，

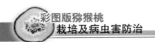
　　为了便于读者阅读和掌握书中讲解的内容，我们采取了两种出版形式，一种是图文对照的彩图版图书，另一种是以文字为主、插图为辅的袖珍版口袋书，力求满足从事农业生产和一线技术推广的广大从业者多方面的需求。

　　期待更多的农民朋友走进我们的田间课堂。

2016年6月

前　言

　　本书是编者在重庆市科委2014年应用技术研究项目"猕猴桃溃疡病发生规律及综合防控关键技术"的实施过程中完成的。编写内容紧密联系重庆三峡库区猕猴桃栽培、病虫害防控及加工的生产实际，依据编者在项目实施和技术推广中取得的系列成果（包括课题组研发的发明专利、企业生产标准等），结合重庆三峡库区猕猴桃产业发展的具体需要，主要从猕猴桃种植技术、病虫害防控技术、保鲜技术及加工技术4个方面进行了阐述。在编写的内容和结构安排上，突出操作性、针对性和实用性，既注重知识体系的完整性和系统性，又突显生产岗位核心技能的掌握，明确相关技术的技能要求。在编写过程中，本书特别注意使用科学术语、法定计量单位、专用名词和名称，运用了大量生产中的实景图片，具有鲜明的生产技术指导和满足技术培训需求的特色。

　　参加本书编写工作的有刘兰泉（第一章猕猴桃种植技术：一、猕猴桃常见种类及品种，五、猕猴桃花果管理，六、猕猴桃果实采收及采后处理；第二章猕猴桃病虫害识别及防治：二、病害部分的猕猴桃细菌性溃疡病）、王东（第二章猕猴桃病虫害识别及防治：二、病害部分的猕猴桃褐斑病、猕猴桃黄叶病、猕猴桃黑斑病、猕猴桃轮纹斑病）、吴琼（第一章猕猴桃种植技术：二、猕猴桃育苗与建园，三、猕猴桃整形修剪，四、猕猴桃土壤、肥料和水分管理）、刘露（第二章猕猴桃病虫害识别及防治：二、病害部分的猕猴桃炭疽病、猕猴桃灰斑病、猕猴桃煤烟病、猕猴桃花腐病、猕猴桃果实熟腐病、猕猴桃蒂腐病、猕猴桃秃斑病、猕猴桃褐腐病、猕猴桃疮痂病、猕猴桃膏药病、猕猴桃枝枯病、猕猴桃根腐病、猕猴桃白纹羽病、猕猴桃疫霉病、猕猴桃根结线虫病、猕猴桃立枯病、猕猴桃日灼病）、覃贵勇（第二章猕猴桃病虫害识别及防治：一、虫害，三、软体动物，四、缺素症，五、药害，六、杂草）、李翔（第三章猕猴桃保鲜技术）、许彦（第四章猕猴桃加工技术）。全书由刘兰泉副教授统稿，龙仕平教授审稿。

本书编写过程中参考了有关专著和文献，在此向有关作者致以崇高的敬意和感谢。同时感谢编者所在单位的领导和同事对本书编写工作提供的无私帮助和支持。

此外，特别感谢贵阳市植物保护站的张斌和中国农业科学院果树研究所的张怀江提供部分照片。鉴于编者水平有限，书中难免存在疏漏或不足之处，恳切希望同行和广大读者不吝指正。

编　者

2016年5月

目　录

出版说明

前言

第一章　猕猴桃种植技术 ……………………………………………… 1

一、猕猴桃常见种类及品种 ……………………………………… 1

（一）常见种类…………………………………………………… 2
（二）常见品种及其特性………………………………………… 4

二、猕猴桃育苗与建园 …………………………………………… 13

（一）对环境条件的要求………………………………………… 13
（二）品种选择的依据…………………………………………… 13
（三）育苗………………………………………………………… 14
（四）建园………………………………………………………… 18

三、猕猴桃整形修剪 ……………………………………………… 22

（一）树形及培养方法…………………………………………… 22
（二）冬季修剪…………………………………………………… 23
（三）夏季修剪…………………………………………………… 26
（四）雄株的修剪………………………………………………… 27

四、猕猴桃土壤、肥料和水分管理 …………………………… 27

（一）土壤管理…………………………………………………… 27
（二）肥料管理…………………………………………………… 29
（三）水分管理……………………………………………………31

五、猕猴桃花果管理 ·······································32
　　（一）花粉采集 ·······································32
　　（二）人工授粉 ·······································32
　　（三）疏花疏果 ·······································33
　　（四）果实套袋 ·······································34
　　（五）防止采前落果 ·································34

六、猕猴桃果实采收及采后处理 ···················34
　　（一）最佳采收期 ·································34
　　（二）采收方式 ·······································36
　　（三）采收时注意事项 ·························36
　　（四）果实分级 ·······································37
　　（五）果实包装 ·······································37
　　（六）果实贮藏 ·······································37

第二章　猕猴桃病虫害识别及防治

一、虫害 ··38
　　（一）介壳虫 ·······································38
　　（二）叶蝉 ···40
　　（三）吸果夜蛾 ·································41
　　（四）金龟子 ·······································43
　　（五）猕猴桃透翅蛾 ·························44
　　（六）苹小卷叶蛾 ·································45
　　（七）斑衣蜡蝉 ·································46
　　（八）蟓 ···47
　　（九）猕猴桃东方小薪甲 ···················49
　　（十）猕猴桃红蜘蛛 ·························49
　　（十一）桑毛虫 ·································50
　　（十二）猕猴桃蝙蝠蛾 ·····················51
　　（十三）斜纹夜蛾 ·································52
　　（十四）广翅蜡蝉 ·································52

二、病害 …………………………………………………… 53

　　（一）猕猴桃细菌性溃疡病 …………………………… 53

　　（二）猕猴桃褐斑病 …………………………………… 58

　　（三）猕猴桃黄叶病 …………………………………… 59

　　（四）猕猴桃黑斑病 …………………………………… 60

　　（五）猕猴桃轮纹斑病 ………………………………… 61

　　（六）猕猴桃炭疽病 …………………………………… 62

　　（七）猕猴桃灰斑病 …………………………………… 62

　　（八）猕猴桃煤烟病 …………………………………… 63

　　（九）猕猴桃花腐病 …………………………………… 64

　　（十）猕猴桃果实熟腐病 ……………………………… 65

　　（十一）猕猴桃蒂腐病 ………………………………… 65

　　（十二）猕猴桃秃斑病 ………………………………… 66

　　（十三）猕猴桃褐腐病 ………………………………… 66

　　（十四）猕猴桃疮痂病 ………………………………… 67

　　（十五）猕猴桃膏药病 ………………………………… 67

　　（十六）猕猴桃枝枯病 ………………………………… 68

　　（十七）猕猴桃根腐病 ………………………………… 69

　　（十八）猕猴桃白纹羽病 ……………………………… 70

　　（十九）猕猴桃疫霉病 ………………………………… 71

　　（二十）猕猴桃根结线虫病 …………………………… 71

　　（二十一）猕猴桃立枯病 ……………………………… 72

　　（二十二）猕猴桃日灼病 ……………………………… 73

三、软体动物防治 ………………………………………… 74

四、缺素症 ………………………………………………… 75

五、药害 …………………………………………………… 80

六、杂草 …………………………………………………… 81

第三章　猕猴桃保鲜技术 ………………………………… 82

一、果实包装处理 ………………………………………… 83

二、果实运输 ……………………………… 84

三、果实贮藏保鲜技术 …………………… 84

四、猕猴桃贮藏期病害及防治 …………… 89

第四章　猕猴桃加工技术 …………………… 92

一、猕猴桃果脯加工技术 ………………… 92

（一）工艺流程 ………………………… 93

（二）加工技术 ………………………… 93

（三）产品质量标准 …………………… 95

二、猕猴桃果酱加工技术 ………………… 96

（一）工艺流程 ………………………… 96

（二）加工技术 ………………………… 96

（三）产品质量标准 …………………… 97

三、猕猴桃果汁饮品加工技术 …………… 97

（一）浑浊果汁 ………………………… 99

（二）浓缩果汁 ………………………… 100

四、猕猴桃罐头加工技术 ………………… 101

（一）工艺流程 ………………………… 101

（二）加工技术要点 …………………… 101

（三）产品质量标准 …………………… 102

五、猕猴桃酒加工技术 …………………… 103

（一）工艺流程 ………………………… 104

（二）加工技术要点 …………………… 105

（三）加工中的注意事项 ……………… 106

（四）产品质量标准 …………………… 107

参考文献 ……………………………………… 108

第一章
猕猴桃种植技术

一、猕猴桃常见种类及品种

猕猴桃素有奇异果、维C之王、果中之王之美称，在部分地区也有狐狸桃、猕猴梨、藤梨、羊桃、木子等别称，具有极高的营养价值和保健作用。猕猴桃从野生果树经人工驯化到大规模栽培和商品化生产，是近百年来人类改造和利用野生自然资源最成功的范例之一。目前，猕猴桃的主要生产国有中国、新西兰、意大利、智利、法国、希腊、日本等。

中国是猕猴桃属植物主要的起源中心，资源丰富。当前猕猴桃主要栽培的地区有：陕西、四川、重庆、河南、湖南、贵州、湖北、江西、广西、浙江、福建等。猕猴桃已成为许多地区的支柱性产业。

由于我国现代化猕猴桃科研和生产起步较晚，因此目前生产中普遍存在忽视规划、盲目发展、投资不足、贮藏加工业水平低、栽培技术落后、病虫害发生严重、经济效益差等问题。

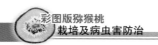
（一）常见种类

全世界猕猴桃属植物共有66个种，原产中国的有62个。我国猕猴桃现代化栽培初期，栽培品种主要是以海沃德为代表的新西兰品种。近二三十年来，由于加大了猕猴桃种质资源的研究和利用，已经培育出100多个优良品种，还有许多极具潜力的优良株系。这些新品种（系），绝大多数的综合品质达到或超过了国外的名优品种（系），是今后我国猕猴桃产业发展的种质基础。目前猕猴桃主要的分类方式有以下两种。

1. **按照系统来源分类** 猕猴桃主要分为美味猕猴桃、中华猕猴桃、毛花猕猴桃、软枣猕猴桃和种间杂种猕猴桃。目前主栽的品种多数属于美味猕猴桃和中华猕猴桃，少数来源于毛花猕猴桃、软枣猕猴桃、种间杂种猕猴桃（表1-1）。

（1）美味猕猴桃。嫩枝具黄褐色或红褐色硬毛，叶背和叶柄也被有糙毛。芽基大而突出，芽体大部分隐藏。聚伞花序，花朵较大。果面被长硬毛，果型多变。花期5月上中旬，果实成熟期为9～10月。

（2）中华猕猴桃。一年生枝无毛或被茸毛，毛秃净、易脱落。芽体外露，球形，外被芽鳞。叶片纸质，老叶革质。聚伞花序，初花期时花呈白色，后变为淡黄色。果形多变，果面被柔软茸毛，并易脱净。花期4月下旬至5月上旬，果实成熟期为9月。

相对来说，美味猕猴桃品种长势较中华猕猴桃强旺、果个较大，产量较高、成熟较晚、货架期较长；而中华猕猴桃中多早熟品种，果实较美味猕猴桃偏甜。

表1-1　按照系统来源分类

种　类	常　见　品　种
美味猕猴桃	海沃德、贵长、秦美、徐冠、徐香、哑特、青翠（青城1号）、川猕1号、川猕2号、米良1号、鄂猕猴桃4号（三峡1号）、新观2号、中猕1号（郑州9021）、陕猕1号、沪美1号、皖翠、实美、金香、和平1号、蜜宝1号、秋香
中华猕猴桃	怡香、武植23、通山5号、洛阳1号、洛阳2号、洛阳3号、贵丰、贵露、贵蜜、秋魁、早香、豫猕猴桃3号（华光2号）、厦亚1号、厦亚15、厦亚20、龙井黄、龙井1号、岩前绿、光泽优、琼露、新县2号、新县4号、新县1号、潍农1号、鄂猕猴桃2号（金农1号）、华丰、素香、太上皇、丰悦、和平红阳、金丰
毛花猕猴桃	沙农18、安章毛花2号、华特
软枣猕猴桃	魁绿、丰绿
种间杂种猕猴桃	红华、东源红、华优、马图阿、阿木里

2. 按照果心（种子分布区域）颜色分类　主要分为：绿心猕猴桃、黄心猕猴桃和红心猕猴桃。

（1）绿心猕猴桃（图1-1）。果心颜色为绿色的猕猴桃品种的总称。目前生产中仍以绿心猕猴桃的品种为主，如海沃德、秦美等。

图1-1　绿心猕猴桃

（2）黄心猕猴桃（图1-2）。果心颜色为黄色的猕猴桃品种的总称。其果型一般为长圆柱形，单果重约为100克，果面较光滑，茸毛较少。

图1-2　黄心猕猴桃

由于其品质优良，也极具发展前途，近年部分地区把黄心猕猴桃称为"黄金果"。其主要品种有：金桃、金阳、金霞、金丰、庐山香、金早等。

（3）红心猕猴桃（图1-3）。果心颜色为红色的猕猴桃品种的总称。红心猕猴桃果肉细嫩，香气浓郁，口感香甜清爽，酸度较低。绿色果肉中间有红色的果心，易使人有"看之饱眼福、食之饱口福"的感受，效益较高。主要品种有：红阳、红华、红美、楚红等。

图1-3　红心猕猴桃

除了以上两种主要的分类方式以外，猕猴桃还可以按照雌、雄分为雌性品种和雄性品种；或者按照成熟期分为早熟品种（9月上中旬）、中熟品种（9月下旬）、晚熟品种（10月上中旬）、极晚熟品种（10月下旬至11月上旬）；或者按照果实的利用途径分为鲜食品种、加工品种及鲜食和加工兼用型品种。

（二）常见品种及其特性

1. 主栽品种及其特性

（1）海沃德。新西兰从我国引进的美味猕猴桃野生种子实生后代选育而成，为目前国际市场占主要地位的栽培品种。果宽椭圆形，长宽比为1.1～1.3：1，果型端正、美观；果个较大，平均单果重100克，最大单果重160克，花与果单生。果肉绿色，甜酸适度，风味佳，香气浓郁。可溶性固形物含量为14.8%左右，每100克鲜果肉的维生素C含量为60～130毫克。该品种非常耐贮，而且货架期长。

该品种生长势中庸，以长果枝结果为主，其长势较弱，适宜密植。果实9月下旬至10月上旬成熟。缺点是花期晚，进入结果期也晚，而且果面易形成棱状突起，早果丰产性稍差。

（2）秦美。陕西省果树研究所与陕西省中华猕猴桃科技开发公司周至试验站协作选出。

果实椭圆形，果皮褐色，密被黄褐色硬毛，其毛易脱落。平均单果重102.5克，最大单果重204克。果实纵径约7.2厘米，横径约6.0厘米。果肉绿色，肉质细嫩多汁，酸甜适口，有香味。可溶性固形物含量为10.2%～17.0%，每100克鲜果肉的维生素C含量为190.0～354.6毫克。花期为5月中下旬，10月上中旬成熟。果实耐贮性好，货架期一般也较长。

（3）米良1号。湖南省吉首大学猕猴桃研究所选出。

果实长椭圆形或圆柱形，果皮棕褐色，被长茸毛，果顶呈乳头状突起，平均单果重86～96克，最大单果重162克。果肉黄绿色，肉质细嫩多汁，酸甜适口，有香味，品质上等。可溶性固形物含量为16%～18%，每100克鲜果肉的维生素C含量为188毫克。室温下可贮藏50天左右。果实外观不端正是其主要缺陷。

该品种生长健壮，树势强。具有树冠成形快、结果早、抗逆性强、丰产性能好、果大和耐贮性能好等特点，适宜在年平均气温13.9～17.9℃，海拔400～1 200米，土质疏松呈微酸性至中性的地区栽培。在盛果期，其每667米^{2}产量可达1 500～2 000千克。花期5月上旬，果实10月上旬成熟。该品种以帮增1号作为授粉雄株。鲜食和加工兼用型品种。

（4）川猕2号。由四川省苍溪县于1982年从河南省引入的野生美味猕猴桃中选出，1987年命名，代号为82-7。

果实短圆柱形，果皮褪色，不被长硬毛。平均单果重95克，最大单果重183克。可溶性固形物含量为16.9%，每100克鲜果肉的维生素C含量为124毫克。果肉翠绿色、汁多、味甜、微香。该品种树势旺，早结丰产。果实成熟期为10月上旬。在常温下可存放15～20天。

（5）金魁。又称为鄂猕猴桃1号，湖北省农业科学院果树茶叶研究所选育。

果实圆柱形,果面具棕褐色茸毛。果实大小整齐一致,平均单果重100克,最大单果重175克。果肉翠绿色,肉质细嫩多汁,风味浓郁,品质上等,可溶性固形物含量为18%～22%,每100克鲜果肉的维生素C含量为100～242毫克。果实耐贮性强,可在15～20℃室温下存放50天。

生长势强,叶片肥厚,丰产、稳产,适应性广,因而推广面积较大。其最佳授粉雄株为兴山10号金魁。主要缺点是果实上有条纵向的沟,不太美观,但肉质极佳。该品种生长旺盛,其早果性和丰产性优于海沃德,抗逆性较强,在长江流域栽培表现较好。

(6)徐香。江苏省徐州果园选出。

果实为圆柱形,果皮黄绿色,被黄褐色毛,单果重70～110克,最大果重137克,果肉绿色,酸甜适口,并具有草莓等多种果香味。后熟期15～20天,在0～2℃冷库中可存放3个月以上。

该品种开始结果早,结果初期,以中、长果枝结果为主,盛果期以后,以短果枝结果为主。嫁接苗2年生即开花结果,4年生株产量达38千克,丰产稳产。适宜在深厚肥沃、通气良好的沙质土壤上栽培。该品种盛花期5月中旬,果实在10月上旬成熟。

(7)中猕1号。中国农业科学院郑州果树研究所选出。

果实椭圆形,果皮褐色,果面密被黄白色长茸毛,茸毛易脱落。平均单果重90克,最大单果重138克。果肉黄绿色,肉质细嫩多汁,风味浓,稍有酸味。可溶性固形物含量为16.1%,每100克鲜果肉的维生素C含量为74.07毫克。果实富含氨基酸,营养丰富,味清香,品质上等。

早果性强,丰产稳产,栽后第2年开始结果,第4年进入盛果期,连续结果的第3～7年平均株产量达18.9千克。适应性广,抗逆性强。适于华中地区山地和平原栽培。花期为5月初,果实采收期为10月下旬。

(8)徐冠。江苏省徐州果园选出。

果实长圆柱形,果皮黄褐色,薄,易剥离。平均单果重102

克，最大单果重180.5克。果肉绿色，肉质细嫩多汁，酸甜适口，有香气。可溶性固形物含量为12%～15%，每100克鲜果肉的维生素C含量为107～120毫克。果实较耐贮存，在温度为12～14℃、相对湿度为75%的条件下，可贮存30天以上。

该品种生长健壮，早果性、丰产性超过海沃德。其嫁接苗3年生开始结果，4年生平均株产量达22.5千克。耐旱，耐高温，耐瘠薄和pH高的土壤，为北方低海拔地区栽培的理想品种之一。盛花期为5月中旬，果实采收期为10月上中旬，落叶期为11月中旬。

（9）哑特。中国农业科学院西北植物研究所在周至县哑柏镇选出。

果实短圆柱形，果皮褐色，密被棕褐色糙毛。平均单果重87克，最大单果重127克。果肉翠绿色，果心小。可溶性固形物含量为15%～18%，每100克鲜果肉的维生素C含量为150～290毫克。

该品种植株生长健壮，以中、短果枝结果为主。早果性较差，但进入结果期后丰产。嫁接苗栽后第5年平均株产量为22千克。抗逆性强，耐旱、耐高温、耐瘠薄、耐北方干燥气候，在北方半干旱地区推广很有前途。其早果性差的缺点，可以通过环剥、环割等生产措施加以克服，促使其早果，达到早期丰产的目的。

（10）华美1号。河南省西峡县猕猴桃研究所育成。

果实圆柱形，密被黄褐色长硬毛，平均单果重56克，最大果重100克。果肉绿色，可溶性固形物含量为11.8%～15%，每100克鲜果肉的维生素C含量为148毫克。切片利用率高，为鲜食和加工兼用型品种。

该品种抗旱性较强。以中、短枝结果为主，每果枝一般坐果3～5个，最多9个。果实在10月下旬成熟。果实很耐贮藏，在室温下可存放至12月中旬。

（11）马图阿（Matua）。又译为马吐阿。由新西兰引入。花期较早，为早、中花期美味猕猴桃和中华猕猴桃雌性品种的授粉品种，树势较弱。花期长达15～20天，花粉量大，每个花序多为3朵花。可用作艾伯特（Abbort）、阿利森（Allison）、蒙蒂（Monty）、徐冠、徐香、青城1号、郑州90-4、魁蜜、早鲜、怡香、通山5号、武植3号、武植2号和93-01等品种、品系的授粉品种。

（12）阿木里（Tomuri）。又译为图马里、唐木里等。由新西兰引入。花期较晚，为晚花型美味猕猴桃和中华猕猴桃雌性品种的授粉品种。花期为5～10天，花粉量大，每个花序为3～5朵花。可用作海沃德、秦美、秦翠、东山峰79-09、东山峰78-16、川猕1号、川猕3号、庐山香和郑州90-1等品种、品系的授粉品种。

（13）魁蜜。江西省农业科学院园艺研究所和奉新县猕猴桃研究所育成。

果实扁圆形、个大，果皮绿褐色或棕褐色，茸毛短，易脱落。平均单果重130.4克，最大单果重183克。果肉黄色或绿黄色，质细多汁，酸甜或甜，风味浓，具较浓清香或微香。可溶性固形物含量为13.4%～16.7%，每100克鲜果肉的维生素C含量为119.5～147.6毫克。在一般室温条件下果实可存放12～20天，在高海拔地区的室温条件下可存放30天以上。

魁蜜品种生长势中庸，节间短，树冠紧凑，适宜密植。以短缩果枝和短果枝结果为主，花着生在果枝1～9节叶腋间。结果早，丰产，稳产。适应性广，在微酸至微碱性土壤上均可栽培。果实采收期为9月中旬。

（14）早鲜。江西省农业科学院园艺研究所选出。

果实圆柱形，端正美观，整齐一致。平均单果重83.4克，最大单果重132克。果肉黄色或绿黄色，果心小，质细多汁，酸甜适口，风味较浓，微清香。可溶性固形物含量为12.5%～16.4%，每100克鲜果肉的维生素C含量为73.5～112.8毫克。果实在室温条件下可存放10～15天，货架期10天左右。

树势较强，早期修剪以轻剪长放为主。它以短缩果枝和短果枝结果为主，花朵着生在结果枝第1～9节叶腋间。较丰产，适应性广，在浅山、低丘和平原地区均可栽培。该品种为目前国内早熟品种中栽培面积最大的一个。果实采收期为8月中下旬至9月初。

（15）庐山香。江西省中国科学院庐山植物园育成。

果实长圆形，平均单果重87.5克，最大单果重140克。果皮淡黄绿至橙黄色，茸毛黄色，果肉淡黄色，味甜多汁，有蜂蜜型香气，可溶性固形物含量为13.5% ～ 16.8%，每100克鲜果肉的维生素C含量为159.0 ～ 170.6毫克。品质上等。缺点是货架期较短。

树势较强，以中、短果枝结果为主，花着生在结果枝的第1 ～ 6节叶腋间。结果早，丰产。该品种对生态环境要求较高，宜选择适合其生长要求的环境进行栽植。果实在10月中旬成熟。

（16）金丰。江西省农业科学院园艺研究所选出。

果实长椭圆形，果形端正，整齐均匀。果皮褐色或黄褐色，有较多短茸毛，茸毛易脱落。果心较小或中等大。平均单果重88克，最大单果重163克。果肉黄色，肉质细嫩多汁，味酸甜，微有清香。可溶性固形物含量为10% ～ 15%，每100克鲜果肉的维生素C含量为71 ～ 103毫克。果实较耐贮运，为中华猕猴桃最耐贮藏的品种之一。在室温条件下可存放30天左右，为鲜食和加工兼用型品种。尤其适于制作片装罐头，利用率可达90%以上，成品贮存2年无褐变和沉淀现象。

该品种树势较强，以中、长果枝结果为主，果枝连续结果能力强。花着生在果枝的第1 ～ 8节叶腋间。丰产，稳产，适应性广，抗逆性强，且耐粗放管理，在山地、低丘和平原地区皆可栽植。在海拔较高的山区种植，果实品质更优。果实采收期为9月下旬至10月上旬。

（17）红阳。四川省苍溪县农业局通过实生选种选育而成。

果实短圆柱形，果顶下凹，平均单果重68.8克，最大单果重87克。果皮绿褐色，果肉美观，沿果心有放射状紫红色条纹，果汁多，香甜味浓。可溶性固形物含量为16%，每100克鲜果肉的维生素C含量为250毫克。果实耐贮性强，可贮存至翌年2月。

该品种树势旺，萌芽、成枝力强，以中、长果枝结果为主。

该品种耐寒、耐瘠薄，对褐斑病、叶斑病的抗性也较强。由于其果肉色泽鲜艳，所以除鲜食外，还是制作工艺菜肴的理想品种。开花期4月下旬，果实9月上旬成熟。

（18）Hort-16A。系新西兰选育出来的中华猕猴桃新品种，目前已取代广泛种植的海沃德品种，是公认的果实品质最佳的品种之一。

果实倒圆锥形或倒梯形。平均单果重80～105克。果皮绿褐色，果肉金黄色，质细多汁，极香甜，每100克鲜果肉的维生素C含量为120毫克，是一个极好的鲜食和加工兼用型品种。

（19）实美。广西壮族自治区中国科学院植物研究所。

果实近长圆柱形。果皮绿色，密被短硬毛，茸毛易脱落。平均单果重100克，最大单果重170克。果肉绿色，汁液多，酸甜适口，有清香。可溶性固形物含量为15%，每100克鲜果肉的维生素C含量为13.8毫克。

该品种生长势较强，嫁接苗定植后第二年可开花结果。适宜在广西北部及海拔较高、湿度较大的猕猴桃产区种植。果实采收期为9月下旬至10月上旬。

（20）红花。由四川省自然资源科学研究所选出。

红花是以红阳猕猴桃为母本选育而成的杂交种，基本性状与红阳相似。肉质细嫩，口感鲜美。果实整齐，正圆柱形，果皮黄绿色，密被浅茸毛，上下大小一致，果心呈放射状红色条纹，充实而不空心，平均单果重93克，可溶性固形物含量为18%～19%，风味独特，酸甜适中，9月中旬成熟，品种大，果肉颜色多样，货架期长，最适国内、外超市鲜销。

（21）红美。由四川省自然资源研究所和苍溪县猕猴桃研究所，用野生美味猕猴桃种子播种，通过实生选育而成的红心猕猴桃新品种。

果实圆柱形，大小中等，平均单果重73克，最大单果重100克。果心红色，肉质嫩，微香，口感好，易剥皮。可溶性固形物含量为19.4%，总糖含量为12.91%，总酸含量为1.37%，每100克鲜果肉的维生素C含量为115.2毫克。10月中旬成熟。抗病力强，但对旱、涝、风抵抗力弱。

（22）怡香。江西省农业科学院园艺研究所和奉新县猕猴桃研究所育成。

果实扁圆形，果皮绿褐色，皮薄。平均单果重85克，最大单果重161克。果肉黄色或绿黄色，肉质细，多汁，酸甜适口，风味佳，具有较浓郁香气。可溶性固形物含量为13.5% ～ 17%，每100克鲜果肉的维生素C含量为62.5 ～ 82.5毫克，并含有19种游离氨基酸。品质优良。果实采收后，在温室条件下可存放12 ～ 15天。树势强，以长中果枝结果为主。果枝连续结果能力强。花着生在果枝第1 ～ 7节叶腋间。较丰产、稳产。适应性较广，在低丘、平原和山地均可栽培。部分果实会在采收期前后发生蒂腐病。果实采收期为9月上旬至中旬。

（23）魁绿。中国农业科学院特产研究所育成。

果实扁卵圆形，果皮绿色光滑。平均单果重18克，最大单果32克。果肉绿色，质细多汁，可溶性固形物含量为15%，每100克鲜果肉的维生素C含量为430毫克。

该品种生长势强，以中短果枝结果为主，结果部位在5 ～ 10节。该品种抗逆性强，在最低温为－38℃的寒冷地区栽培多年无冻害和严重病虫害，而且加工品质优良，加工产品既可保持果实的独特浓香风味，又可保持较高维生素C与氨基酸含量。果实采收期为9月初。

（24）天源红。果实为圆柱略带锥形，平均单果重27克。果实成熟后从内到外一致为酒红色。果皮薄。肉质细多汁，酸甜适口，可溶性固形物含量为17%，每100克鲜果肉的维生素C含量为135 ～ 150毫克。果实成熟期为9月底至10月初。不耐贮存，在常温下只可存放7天。为鲜食和加工兼用型品种。该品种生产势健壮，以中长果枝结果为主。

（25）楚红。由四川自然资源科学研究所选育。

果实近中央部分中轴周围呈艳丽的红色，美观诱人，果肉细嫩多汁，香味浓郁，风味浓甜可口。果实软熟后可溶性固形物含量为16.5%。果实呈椭圆形，果面呈绿色，光滑无毛，中等大小，平均单果重80克。长沙地区9月上旬成熟。低海拔地区，果肉红色变淡，但风味更浓。

2．猕猴桃常见雄性授粉品种及其特性

（1）磨山4号。中华猕猴桃雄性品种，由中国科学院武汉植物园选育。晚花类型，在湖北武汉花期为4月25日至5月15日，花期长。以短花枝为主。花粉量大。抗病虫能力强。可作为早、中期，乃至晚期中华猕猴桃和美味猕猴桃雌性品种的授粉树。

（2）帮增1号。美味猕猴桃雄性品系，中花类型，始花早，花期长，主要做美味猕猴桃米良1号的授粉品种。

（3）郑雄1号。中华猕猴桃雄性品种，在郑州4月下旬至5月上旬开花。以中长花枝为主，花粉量大，作早、中期开花的中华猕猴桃桃雌性品种的授粉树。

（4）厦亚18。中华猕猴桃雄性品系，在厦门3月中旬至4月上旬开花，花期约20天，花粉量大，可作为早、中、晚期中华猕猴桃和美味猕猴桃雌性品种的授粉树。

（5）郑雄3号。美味猕猴桃雄性品系，中国农业科学院郑州果树研究所和西峡县共同选育。晚花类型。花期长，花粉量大，可作多个美味猕猴桃、中华猕猴桃雌性品种的授粉树。

（6）湘峰83-06。美味猕猴桃雄性品系，晚花类型。花期9～12天，花粉量大，为晚花型美味猕猴桃和中华猕猴桃雌性品种的授粉树。

（7）陶木里。美味猕猴桃雄性品种，晚花类型。花期5～10天，花粉量大，为晚花型美味猕猴桃和中华猕猴桃雌性品种的授粉树。

（8）楚源系。湖南省园艺研究所选育的楚源M1、楚源M2、楚源M3、楚源M4和楚源M5，共5个雄性猕猴桃株系。其中楚源M1、M2、M3为中华猕猴桃，楚源M4和M5为美味猕猴桃。楚源M1花期早，花期7天，是早花品种丰悦的适配雄株；楚源M2花期居中，花期15天，是中花品种魁蜜和庐山香的适配雄株；楚源M3和M4花期较晚，花期分别为14天和13天，是迟花品种翠玉和米良1号的适配雄株；楚源M5花期晚，花期8天，是花期更迟的品种金魁、沁香和海沃德的适配雄株。

二、猕猴桃育苗与建园

（一）对环境条件的要求

1. **温度**　猕猴桃的大多数种类和品种要求亚热带或暖温带湿润和半湿润气候。早春寒冷，晚霜低温，盛夏高温，常常影响猕猴桃生长发育。在年均气温11.3 ～ 17.9℃的条件下生长良好。

2. **光照**　多数猕猴桃种类喜半阴环境。幼苗期喜阴凉，忌阳光直射；成年结果树要求充足的光照。猕猴桃是中等喜光果树，要求日照时数为1 300 ～ 2 600小时，喜漫射光，忌强光直射，光照强度以正常日照的40% ～ 45%为宜。

3. **水分**　猕猴桃喜凉爽湿润的气候，不耐涝，在渍水或排水不良时常不能生存。在年降水量740 ～ 1 800毫米的区域比较适宜。

4. **土壤**　猕猴桃喜土层深厚、疏松肥沃、排水良好、腐殖质含量高的沙质土壤，忌黏性重、易渍水及瘠薄的土壤，最适pH5.5 ～ 6.5。

（二）品种选择的依据

1. **生态适应性**　以良种区域化，再配以优良的栽培管理技术，才能实现猕猴桃栽培的高产、稳产、优质、高效的目标。在栽培时间短、尚未实现规模化、产业化发展的地区，尤其应做好品种的引种、观察、筛选工作，建立良种区试基地，明确当地的最适栽培品种后，再大面积推广。

2. **市场需求**　对一个优良品种来说，最基本的要求是大果、优质、结果早、易丰产、耐贮运，品种的风味、口感应该适合当地群众的习惯。必须要考虑品种布局，应早、中、晚熟搭配，鲜食与加工品种搭配。适当减少中熟品种的发展，加大早熟、晚熟、极晚熟品种的栽培面积。将要发展的品种替代原有老品种，或者新发展品种的成熟期是原有品种群的上市空档。

3.效益最大化 将发展的品种在本地必须生长良好，栽培管理容易，抗逆性强，抗病虫能力强。近几年，红心、黄心猕猴桃新品种相继出现并开始推广，具有很好的发展前景。一些特异品种，如白果品种、观赏品种也可以适量发展，以满足市场消费多样化的需求。

（三）育苗

1.常见的育苗方式 猕猴桃的育苗方式有很多种，包括实生（播种）、扦插（图1-4）、压条（图1-5）、分株、嫁接、组织培养等。在生产上，为了提高猕猴桃生产水平，多以嫁接法为主。

图1-4　扦插—枝插

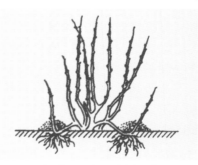

图1-5　压条—水平压条

2.嫁接育苗的优点

（1）能有效避免猕猴桃实生苗雌雄难辨、后代个体性状不一、结果迟的问题，能有针对性地大量繁殖纯度高、生长健壮、整齐度好的优良品种苗木，促进早结果，便于栽培管理。

（2）可以利用各种砧木的特殊优良性状，如乔化、矮化、抗旱、耐涝、抗病、耐盐碱等，大大提高猕猴桃生产水平。

（3）嫁接苗的根系比扦插、压条、分株等方法得到的苗木根系发达，生长势强。

3.嫁接方法 猕猴桃嫁接既可以在休眠期硬枝接，一般为枝切接（图1-6），又可以在生长期绿枝接，一般为枝腹接（图1-7）。

（1）枝切接。具体操作步骤：①选择芽体饱满无病虫害的枝条，正面在芽下方侧面平削一刀，微伤木质部（俗称带点骨）。背面在正面的另一面下端削成45度角。芽上方斜切一刀即可。削出留一个芽的枝段作为接穗。②砧木离地面5～10厘米位置剪断，断面削成斜面，在斜面底端向下切一刀，微带木质部。③把接穗插入砧木切口，然后用宽1厘米左右的薄膜进行覆瓦状绑扎，包扎时不露芽。

（2）枝腹接。具体操作步骤：①接穗切削方法与枝切接相同。②砧木选择砧木主蔓离地面5～10厘米平滑位置向下切一刀，微带木质部。③把接穗插入砧木切口，然后用1厘米左右宽的薄膜进行覆瓦状绑扎。

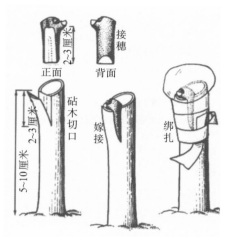

图1-6 枝切接

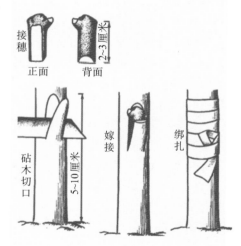

图1-7 枝腹接

（3）嫁接的注意事项。①接穗的长度要稍短于砧木切口的长度。②削面要平，不能带有毛刺。③若接穗小、砧木上的切口

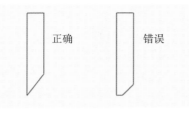

图1-8　接穗侧面观察图

大，接穗要嫁接在偏靠砧木上切口的一侧，务必使形成层对齐。④枝切接和枝腹接时，接穗正面与背面在下方要形成一个尖角，不能是平面（图1-8）。

（4）嫁接的五字要诀。①快：刀要快，动作要快。②平：削面要平，尤其是长削面。③准：形成层（皮层与木质部的交界处，一般为黄白色）要对准。④紧：包扎要紧。⑤严：封口要严。

（5）嫁接的时间与嫁接前后的管理。①嫁接的时间。选择温度在15～25℃的时间，一般在春秋两季。硬枝接在秋季落叶后，绿枝接在春稍老熟后进行。②嫁接前后的管理。嫁接前7～10天要给砧木灌一次水，使砧木的生理状态处于活跃。嫁接后10～15天检查成活状况，接穗变成褐色说明已经死亡，要及时补接；接穗颜色没有变化或芽开始萌发则要及时解除绑扎或者挑芽（不露芽包扎才需要挑芽）。抹除所有砧木上的萌蘖，集中养分，促进接芽萌发和生长。接芽抽枝后，见绑缚部位稍显缢痕时即可解绑。要适时绑缚新梢上架，或设立支柱绑缚，以防风折。

在整个苗木生长过程中，一定要做除草、保墒、追肥及病虫害防治工作，保证生产出优质壮苗。

4. 砧木苗的培育

（1）砧木种子采集。目前国内还没有猕猴桃的营养系砧木，生产上主要采用中华猕猴桃、美味猕猴桃或栽培品种的种子进行实生苗繁殖。由于美味猕猴桃的生长势普遍强于中华猕猴桃，所以一般选用美味猕猴桃作砧木。

要选择生长健壮、抗逆性和抗病性强、无病虫害的优良单株或品种。采收发育正常、充分成熟的果实，在室温下薄层堆沤，使其果肉软化腐烂，然后用清水淘洗。将种子阴干备用，或在低温、干燥条件下贮藏。

（2）砧木种子层积处理（图1-9）。层积处理的温度以5℃左右为宜，处理时间一般为60天。种子进行层积处理时，一般先根据播种时间，向前推算层积处理的时间。

处理前，将种子用清水浸泡一夜，使其充分吸水。取干净

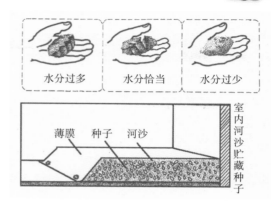

水分过多　水分恰当　水分过少

薄膜　种子　河沙

室内河沙贮藏种子

图1-9　种子层积处理

的河沙，加水拌匀，达到手握成团、一碰即散的程度，即含水量约60%。按种子：湿沙约1：20的量，将种子与湿沙充分拌匀。

根据种子量的多少，取合适的透气性容器，如花盆、瓦罐、编织袋等，或在阴凉、高燥的地方开沟，在底部铺5～10厘米的湿沙。再铺沙与种子的混合物，最多只能铺50厘米厚。再在上面铺5～10厘米的湿沙后，在阴凉的地方进行沙藏。根据情况可适当盖草或盖土等进行保湿，鼠害严重的地方还应撒施鼠药。处理期间，应定期检查湿度、温度及种子情况，发现问题，随时解决。

5. 砧木苗培养

（1）准备苗床。选择排灌方便，土壤肥沃、疏松、呈微酸性的园地作苗圃，整地作床。苗床一般宽1.0～1.2米，施足底肥，灌足底墒，播种时松土耙细。条件允许时，最好进行土壤消毒。

（2）播种。春季气温回升，日均温度达到10℃以上时就可以开始播种了。猕猴桃的种子比芝麻还小，每克种子约有850粒，宜采用条播的方式，行距20～30厘米，播幅10～15厘米。播种时直接将沙与种子的混合物均匀地撒入浅沟内，用细沙或细土覆盖0.5厘米左右，然后盖上草或地膜保湿。

播种后，要始终保持苗床内土壤湿润。20～25天后开始出苗。待出苗率为50%时，揭去拱棚；出苗率为80%时，揭去草或地膜。

（3）间苗和移栽。幼苗长出3片以上真叶时进行间苗，使苗距达15厘米。间出的小苗可以移栽，按行距30厘米、株距15厘米栽植。栽移后及时浇水、遮阴。最好选在阴天进行移栽。

（4）幼苗管理。在整个幼苗生长期，做好保湿、排涝、除草及病虫害防治工作，以保证幼苗的正常生长。整个苗期要注意薄肥勤施，并可辅以根外追肥。叶面喷肥以0.2%尿素加0.3%磷酸二氢钾把叶片喷湿即可，连续喷肥时需隔7～10天进行一次。

当幼苗长到40～50厘米时，及时摘心，以控制生长，促进增粗。嫁接粗度一般要求砧木苗基部粗度在0.5厘米以上。

（四）建园

1.坡度与海拔要求　猕猴桃栽植多数为山地，坡度不应超过20度，背风向阳的南坡或东南坡进比较合适。坡度过大的陡坡不宜建园。地势低洼、排水不畅的地块也不宜建园，否则易发生根腐病。山地建园，应首先做好水土保持工作，修筑梯田，或挖鱼鳞坑、等高撩壕等。土质过差的，如土层太薄、土壤过黏、过沙等，还应对整个园地或栽植穴局部进行土壤改良。

海拔过高、气温条件变幅较大的地方，如海拔1 000米以上，猕猴桃容易受冻害，并会导致溃疡病等的发生，所以也不宜建园。

2.苗木栽植

（1）苗木栽植的时间。一般在秋季落叶后进行。在南方冬季土壤不冻结的地区，栽植时期可以一直持续到第二年春季苗木萌芽前。秋季栽植，由于地温尚高，有利于苗木新根发生及伤口愈合，栽植成活率高，第二年春季萌芽后能迅速生长，也就是没有缓苗期。因此，条件允许时最好采取秋季栽植。

在冬季寒冷干燥、小气候多变的地区，宜春栽，在气温稳定回升后尽早栽植。

（2）常见架式和密度。猕猴桃的栽植密度需要结合品种、架式、立地条件和栽培管理水平进行综合考虑。丘陵、山地栽植应比平地栽植密一些；品种生长势强、结果能力强的宜稀一些，反之则密一些；肥水条件好的应稀一些；机械化水平高的地方栽植应稀一些。总的来看，猕猴桃栽植密度应在原来的基础上，适当加大行距，减小株距，以提高工作效率，并改善光照条件，提高果实品质。

我国猕猴桃生产上采用的架式比较多，有篱架（图1-10）、T形架、小棚架、大棚架（图1-11）、简易三角架及平顶棚架、斜顶棚架、弧形棚架等，还有无支柱栽培的方式。

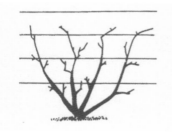
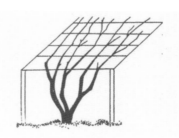

图1-10 篱 架   图1-11 大棚架

架式的选择主要根据园地情况、经济条件和品种特性来定。由于猕猴桃是蔓性果树，为了促进丰产、优质、提高工作效率，最好采用棚架。但其缺点是，由于栽植密度较稀，早期产量较低。因此，可试行栽植临时行以补充早期产量，等永久行基本成形后，逐渐淘汰临时行。棚架架材投资高，也是限制其在我国推广普及的重要因素。在推行猕猴桃产业化发展的地区，应鼓励龙头企业发展大棚架，也可以用补贴的方式促进农户积极发展大棚架或小棚架。

棚架栽培宜采用3米×5米、4米×5米或3米×6米的株行距定植，即每亩分别约栽植44株、33株和37株。采用计划密植的，株距可缩小到2米。随着树龄增加，隔株间伐，至4米株距作为永久性株距。

T形架是目前我国猕猴桃栽培应用最为广泛的架式，栽植密度以3米×4米为宜，即每亩栽植56株。

（3）授粉树搭配。猕猴桃是形态上的雌雄同花，生理上的雌雄异株。猕猴桃的雌花（图1-12）有雄蕊，但是雄蕊败育；雄花同样有雌蕊而且败育。因此，建园时必须重视授粉雄株的选择和合理配置。

图1-12　猕猴桃的雌花

授粉品种要求与主栽雌性品种花期相同或相近、花期长且花粉量大。雌、雄株的配置比例一般为10～100：1。若采用自然授粉，则应使雌雄株比例维持在6～10：1。若采用人工辅助授粉可以使雌雄株比例维持在10～20：1。若采用人工授粉，则视雄株花粉量大小而定，最大可以达到100：1。

栽植时，应该使雄株均匀分布于雌株之间。花期在果园内放蜂，能够有效增加授粉效果。若授粉不良，则易出现畸形果、小果。

（4）苗木栽植。①挖定植穴或定植沟。根据栽植密度，确定定植点后，挖1米见方、深度60～80厘米的定植穴，有条件的地方建议开挖定植沟。②熟土回填。以往挖穴或开沟时，将表层熟土与下部生土颠倒回填，栽苗时根系集中在生土层中，导致栽植成活率低，大坑栽植比小坑栽植成活率还低，极大地影响了大坑栽植技术的推广。经过多年的生产检验，建议回填定标穴（沟）时全部用熟土。原来位置的熟土回填后，再从行间取表土，原来的生土在栽植完后回填至行间。这样不仅大大提高了栽植成活率，而且苗木成活后生长快，结果早，其效应在栽植第二年以后更为明显。回填时，还应先在坑（沟）底填20厘米厚的秸秆、绿肥或杂草。加大腐熟有机肥、磷肥的施用量，但不能直接填入，而是将有机肥、磷肥撒于开挖出来的熟土堆上，回填熟土时即可将肥与熟土充分混匀填入坑（沟）内。有条件的提前、尽早开挖定植穴或定植沟。如春季栽植的可在上年秋末开挖，秋冬栽植的可在当年夏季开挖。回填熟土时高出地面20～30厘米，浇水、踏实。这样不仅有利于土壤密实，防止栽苗时土壤塌陷造成苗木歪斜，而且有利于秸秆腐熟、有机肥矿化和养分的释放，大大提高栽植成活率，促进幼苗前期的生长。③修根。定植前仔细检查苗木，重新剪截较大的伤口，剪去病根、烂根、撕裂根，较长的根剪留20厘米左右。外运来的苗木，或者在干旱地区，为了提高成活率，可以用生根粉、粉状过磷酸钙和成泥浆蘸根。④栽植。猕猴桃是肉质根，呼吸强度大，埋土不能过深，否则缓苗慢、生长不良；也不能栽得过浅，否则易受旱害。栽植时扶正苗木，使根系舒展，边填熟土边踩实，向上提几次苗，使根系与土壤密接。栽植深度以根颈部位略高于地面2～3厘米为宜。立即浇透水，水下渗后，再修整树盘。此时，苗木的根颈部位正好与地面相平，嫁接口高出地面5～10厘米。

（5）苗木栽植后的管理。①定干。栽后立即定干。低干苗在嫁接口以上30～40厘米处剪断，高干苗从距离架面下10厘米处剪断。剪口下都至少要留3～5个饱满芽眼。②立竿牵引。苗木成活后，萌发抽生的直立新梢是树体将来的主蔓。通常在苗旁插一竹竿，将幼苗最上方、生长健壮的一个新梢引缚到竹竿上，使其顺直并旺盛生长。期间，注意检查，务必不能让枝梢缠绕竹竿。其他萌发的新梢保留2～3个，每个留2～3片叶，及时摘心，多余的抹除。砧木的萌蘖要随时去除。③遮阴。猕猴桃幼树怕强光。栽植成活后，要适时搭遮阳网，生长前期遮阴度70%～75%，后期可降为50%。也可在树行两侧50厘米处套种玉米进行遮阴。切忌与小麦间作，因为小麦成熟时的干热风易造成叶片灼伤，甚至整株死亡。④搭架。栽植当年秋后应根据要采用的架式进行搭架，最迟要在第二年树体萌芽前搭好，以满足整形和生长的需要。⑤其他田间管理。主要是做好浇水、排涝、施肥、除草及病虫害防治工作，保证幼树当年健壮生长，形成良好的主蔓及部分结果母枝。

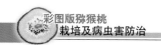
三、猕猴桃整形修剪

（一）树形及培养方法

猕猴桃的树形有单层和多层、单主干和多主干、双主蔓和多主蔓等多种形式，一般配合架式来定。在大棚架和T形架上，整形的方式基本相似。单主干比多主干好，结构简单，便于培养和控制。从生长、结果及修剪的方面看，以单主干双主蔓一字形为好，是目前猕猴桃生产中重点推广的树形。下面以单主干双主蔓一字形为例介绍树形及培养方法。

1. **树形**　单主干双主蔓一字形（图1-13）树体结构简单，骨干枝一目了然，整形快，修剪简单，易于被果农掌握，用工量少，适于大面积推广。同时，由于树体光照条件好，架面整齐，也有利于果实品质的提高。

图1-13　单主干双主蔓一字形

采用单主干双主蔓一字形树形时，主干高1.7～1.8米。主干顶部分生两个永久性主蔓，水平固定在架面上，T形架与行向垂直绑缚，大棚架沿行向伸展。主蔓长度根据株距和行距确定。主蔓上着生结果母蔓，每隔25～30厘米留一个，在两侧均匀分布，同侧结果母蔓间距50厘米以上。结果母蔓与主蔓垂直绑缚，呈羽状或鱼刺状排列。萌芽后抽生的结果枝，向着生母蔓的斜前方绑缚。

2. 培养方法　在苗木定植后，从发出的新梢中选择一个生长最健旺的枝条作为主干培养，用竹竿固定，保证直立向上生长，当年成干。当年冬季修剪时，将主干在合适位置进行短截，其余枝条全部从基部疏除。

第二年春季，从当年发出的新梢中选择两个长势健壮的，分别向两侧引缚，培养成主蔓。根据架面大小，在适当位置摘心，促发二次枝，用以培养结果母蔓。冬季修剪时，只保留主蔓及部分结果母蔓，其他枝条全部疏除。

在加强肥水管理及枝梢控制的情况下，架面较小的T形架，在第二年时即可成型，第三年开始结果。架面较大的棚架，在第三年继续培养主蔓、选留结果母蔓，直至成形。采用这种技术，树体成形时间较常规管理提早2～3年，结果早，进入盛果期早，产量高。

（二）冬季修剪

1. 猕猴桃冬剪的手法　主要有短截、疏枝（图1-14）、回缩和绑蔓。

（1）短截是指在一年生枝部位上进行剪截，根据剪掉的程度，可分为轻短截、中短截、重短截。短截主要用于对各种结果母枝、营养枝，使其多发枝，是一种局部促进的修剪手法。

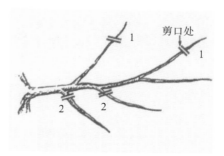

图1-14　短截和疏枝
1. 短截　2. 疏枝

（2）疏枝是指将一年生枝及多年生枝从基部彻底剪掉，减少枝量。猕猴桃由于发枝量大，年生长量也大，树冠容易郁闭，疏枝手法应用较多。

（3）回缩是指在多年生部位剪截，主要用于降低分枝级次，防止结果部位外移，以及弱枝的更新复壮。

（4）绑蔓是全年都可以进行的工作，冬季修剪时的绑蔓尤为重要，是维持良好的树体结构所必须采取的措施。

在冬季修剪时，要根据情况灵活运用各种修剪手法，因树而异，因枝而异，才能达到修剪合理调控的目的。

图1-15　伤　流

2.冬剪的时间和任务

（1）冬剪的时间。落叶后至第二年树液开始流动前进行。幼树、旺树可提前或延迟修剪，以缓和树势。注意在伤流（图1-15）期不能进行修剪。

（2）冬剪的任务。结果母枝的培养和更新，控制结果部位外移，保持合理的留枝、留芽量，解决通风透光问题。同时，全面疏除各种不合理枝条，包括徒长枝、过密枝、细弱枝、重叠枝、病虫枝、枯死枝及无利用价值的根部萌蘖等。并在修剪结束后立即绑蔓，最迟于1月底完成。若绑蔓过晚，损伤的枝条易产生伤流。

3.结果母枝更新
进入结果期以后，树体骨架结构基本稳定，主要是对结果母枝的更新、复壮，应按照"去远留近""去上留下""去外留内""去弯留直""去弱留强"的原则进行。

尽量选留从原结果母枝基部发出或直接着生在主蔓上的强旺枝条作结果母枝，将原来的结果母枝回缩到更新部位附近或完全疏除掉，以降低分枝部位，避免结果部位外移。

如果原结果母枝生长过弱、基部没有合适枝条，应将其在基部保留2～3个潜伏芽短截，促使潜伏芽下年萌发后再从中选择健壮更新枝。结果母枝的回缩更新要有计划地逐年分批进行，通常每年对全树1/2以上的结果母枝进行更新，两年全部更新一遍，以保持产量稳定。

4.留芽量确定　幼树和初果期树，修剪量宜轻，留芽量、留枝量大些，以多发枝、营养树体、加速成形、及早进入盛果期。

盛果期的树，产量基本稳定，树冠不再扩大，则要根据目标产量和品种的生长特性、结果能力、果实大小及栽培管理水平来综合决定。萌芽率、结果枝率高、单枝结果能力强的品种留芽量相对低一些，相反则应略高一些。

5.结果母枝剪留长度　结果母枝的修剪根据剪母蔓的长度，可分为短蔓修剪（10～20厘米）、中长蔓修剪（21～30厘米）、长蔓修剪（31～40厘米）和超长蔓修剪（41～50厘米）。不同品种的修剪反应不同，如贵长、海沃德以长蔓修剪为好；秦美以中长蔓修剪为好，且耐短剪；华美2号、魁蜜等萌芽率高、节间短的短果枝品种则可以剪得重些。结果母枝长势强弱不同，修剪程度也有所不同。一般根据"小年轻、大年重""旺树轻、弱树重""上部轻、下部重""外围轻、内膛重"的原则进行。

一般来说，在留芽量一定的情况下，对结果母枝适当长剪，可以减少结果母枝的数量，拉大第二年结果枝的间距，有利于改善树冠光照，提高果实产量和品质。在栽植密度3米×4米、采用小棚架栽培、单主蔓一字形整形的，每株树留强旺结果母枝24～30个较好，每侧保留12～15个。另外再保留10～20个中短枝填补空间，树体结构就丰满而且合理了。

（三）夏季修剪

夏季修剪要剪去徒长枝、衰弱枝、过密枝、病虫枝，适当短截长果枝，以保持果园通风透光。一般控制叶果比约为4：1比较适合。对雌株要进行3～4次综合性的夏季修剪，对雄株进行2～3次。夏季修剪主要包括以下措施：

图1-16　砧木上的萌蘖

1.**抹芽**　从萌芽期开始进行。对发生部位不合理、生长不正常的的萌芽，砧木上的萌蘖（图1-16）等随时发现随时抹除。一个结果母蔓上每隔15～20厘米留1个结果枝，共留4～6个，多余的全部抹除。抹除架面外围所有的营养枝芽，在内膛抹除瘦弱芽、叶簇芽、过密芽。外围结果枝摘心后发出的二次枝（芽）也要及早抹除。

2.**疏枝**　抹芽未能完成的定梢工作，待新梢长至20厘米左右、花序出现后，再及时疏除细弱枝、过密枝、病虫枝、双芽枝及徒长枝等。

3.**摘心**　6月上中旬开始，对未停止生长、顶端开始弯曲的强旺枝进行摘心，使之停止生长，促使芽眼发育和枝条成熟。一般隔半个月左右摘心一次。预备枝摘心可稍迟，等顶端开始弯曲、生长势变弱时再摘心。

4.**绑蔓**　生长季绑蔓，主要是针对幼树和初结果树的长旺枝。在新梢生长旺盛的夏季，每隔2周左右就应全园进行一次，将新梢生长方向调顺，不重叠交叉，在架面上分布均匀。绑缚不能过紧，以免影响加粗生长。

（四）雄株的修剪

雄株冬季不作全面修剪，修剪一般较轻，以多留花芽，第二年花期能为雌株提供大量花粉。保留所有生长充实的枝，稍做轻短截。对留作更新的枝重短截，多年生衰弱枝进行回缩复壮。疏除细弱枯死枝、扭曲缠绕枝、病虫枝、交叉重叠枝及萌蘖徒长枝。

第二年春季落花后立即修剪。选留强旺枝条用于成花，将开过花的枝条全部回缩更新，再适当疏除过密、过弱枝条，以缩小树冠，不与雌株争夺空间。

四、猕猴桃土壤、肥料和水分管理

（一）土壤管理

1. **深翻扩穴**　猕猴桃根系发达，水平和垂直分布范围很广，适宜土层深厚、土质疏松、团粒结构好、有机质含量高的土壤。多数猕猴桃园的自然土壤达不到这些要求，影响了根系的发育，造成根量少、根系小、分布浅、抗逆性差，从而使地上部分生长衰弱、开花结果不良、产量低、品质差、病虫害加剧。为此，必须通过深翻扩穴，改良土壤。

（1）深翻扩穴宜逐年进行。从栽植穴、栽植沟边缘开始，逐年向外开条状沟，直至扩展到全园。根据劳动力及机械化条件，开沟宽度一般为50～100厘米，深度60～80厘米。

（2）开沟位置连年更换。如第一年在株间，第二年在行间一侧，第三年在行间另一侧，如此循环。开沟时注意不能留夹死层，使当年深翻的熟土与以前深翻的完全接触，保证根系的正常伸展。

为了保证深翻扩穴的改土效果，可参照苗木栽植技术中的环节，在沟内只回填熟土。同时，要结合压草、施基肥进行。

2. **果园生草**　果园生草是指在果园内树盘以外的地方进行生

草。该技术措施能够提高土壤有机质含量、改良土壤结构、减少水土流失、改善果园局域生态环境。生草和刈割合理配合，还可以有效控制自然降水，做到雨季不涝，旱季不干。应选择根系浅、须根发达、茎干低（50厘米以下）的豆科、禾本科牧草或绿肥作物，如白车轴草、红车轴草、毛叶苕子、扁豆、黑麦草、燕麦草等。一个果园内，可种单一草种，也可多种混种。

果园生草后，短期内会增加对肥料的需求。除正常的果树施肥外，在草的旺盛生长季还要对草进行追肥，一般以撒施为主。

草要定期刈割。多在花期进行刈割，此时草的茎干内养分含量最高，用于果园覆盖或饲喂牲畜最好。还可以根据降水情况来安排。一般旱季时割草，防止草与果树争夺水分；雨季时不割草，任其生长，以吸收多余的降水，减少涝渍的发生，也在一定程度上起到贮水的作用。

3. 树盘覆盖　树盘覆盖是指果园地面覆盖干草，可有效提高土壤有机质含量，改良土壤结构，增加土壤微生物菌群，保持土壤水分，降低地面温度的变化幅度，并控制水土流失。覆盖的材料可以是农作物秸秆、籽壳，刈割的绿肥、牧草，农产品加工的残渣等。全年均可进行，可以根据材料、劳动力的情况灵活安排。

覆盖前要中耕、施肥、灌水。覆盖时，要求厚度达到10厘米左右。过薄起不到太好的作用，过厚会引起土壤通透性不良。树干基部20厘米范围内不能覆盖，主要是为了防止鼠、兔等对根颈的危害。覆盖后，每隔1～2米在草上压土，以防风、防火。

4. 果园间作　猕猴桃园的间作，一般只在幼树期至初果期进行，在苗期及猕猴桃栽植当年，可间作玉米，给幼苗遮阴。盛果期后，猕猴桃枝叶覆盖全园，架下光照不良，就不宜进行间作了。

猕猴桃园以间作各种豆类作物、绿肥作物、叶菜类蔬菜、中药材等为宜。尤其是间作一些需要适当遮阴的中药材，经济效益很高，如柴胡。许多中药材对害虫还有驱避作用，如细辛。

（二）肥料管理

1. 需肥特点 猕猴桃生长旺盛，年生长量大，修剪量大，并且成花量也大，结果早而多，对营养元素的吸收量比其他果树要大得多。猕猴桃不仅对钾、铁的需求量较高，而且还是喜氯作物。生产中要注意这三种养分的充足供应。

2. 基肥 猕猴桃春季的萌芽、抽发新梢和开花都要依靠上一年树体贮藏的养分，因此秋施基肥非常重要。秋季施肥时，根系伤口愈合快，并能促发新根，肥料也有充分的时间腐熟，从而更好地提高树体的营养水平。

基肥应于果实采收后及早施用，宜早不宜迟。秋季未能施基肥的，应在春季猕猴桃萌芽前尽早进行，但施肥效应较秋季施肥明显下降。

肥料种类以腐熟的有机肥为主，配合施用磷肥，施肥量一般应达到全年总施肥量的60%～70%。施肥方法以条沟施肥为主，对成龄猕猴桃园也可以采用全园施肥的方法。施基肥后要及时灌水。

3. 成年树土壤追肥 基肥是以有机肥为主的，虽然养分全面、肥效长，但有些矿质营养含量不足，在猕猴桃旺盛生长季，需要结合追施速效化肥，满足生长结果的需要。

猕猴桃追肥主要在以下几个时期进行：

（1）**萌芽肥**。萌芽前，追施萌芽肥，以速效氮肥为主，用氮量约为全年氮肥用量的一半。可以促进萌芽和新梢生长。

（2）**保花保果肥**。自开花前至坐果期，追施保花肥或保果肥，正开花时不能追肥。从开花前到幼果发育期，只追一次肥即可，以磷、钾肥为主，配合少量氮肥。在花前，可叶面喷施硼肥；在幼果发育期，可叶面喷施钙肥。能够有效促进开花、坐果及幼果的发育。

（3）**壮果肥**。在果实快速膨大期，追施壮果肥，以速效磷、钾肥为主，配合施用氮肥。为果实转色期的养分需求做准备，能

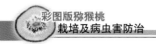

有效提高果实品质。

4.幼年树土壤追肥 幼树在定植后的前三年中，主要任务是树冠和根系的扩展，因此需肥量不大。每次追肥量应逐渐减少，但追肥次数要增多。

坐果以前，氮、磷、钾比例以 1 ∶ 0.5 ∶ 1 为宜，以氮肥和钾肥为主，辅以磷肥。开始挂果后，氮、磷、钾的比例以0.5 ∶ 1 ∶ 1为好，以磷、钾肥为主，氮肥为辅。同时，适当增施硼、铁、锌、钙等肥料。

5.根外追肥 根外追肥又称叶面喷肥，是将各种有机或无机营养成分溶解于水中，然后喷施在果树叶片上的一种施肥方法。由于各种营养元素不与土壤接触，不会被土壤固定，可以直接被叶片吸收，所以具有用肥少、吸收率高、见效快的特点，主要用于果树生长关键时期营养元素的补充、微肥的施用及果树缺素症的治疗。

根外追肥对肥料的种类和浓度要求很高，要求肥料总浓度不能超过0.5%。使用前先做少量试验，观察使用效果后再确定是否可以大量采用，且每年根外追肥的次数不宜过多，一般不超过3次。叶面喷肥最宜在温度18 ～ 25℃、无风或微风、湿度较大时进行。高温时喷施后水分蒸发迅速，肥料溶液很快浓缩，既影响吸收又容易发生药害。因此夏季喷施要在晴天上午9：00以前或下午4：00以后进行。喷后24小时遇雨要重喷。连续喷肥时，要最少间隔7 ～ 10天才能进行。喷施时应雾化良好，均匀喷布于叶片背面。

叶面肥可与非碱性农药或其他生长调节剂混合施用。如果不了解药、肥特性，可以先做混合试验，一般情况下，没有沉淀则可以混用。

6.土壤施肥的方法 果园土壤施肥的方法很多，有条沟施肥、环状沟施肥、放射状沟施肥、穴状施肥、全园施肥、灌溉施肥等。在猕猴桃生产中，应该以条沟施肥、灌溉施肥为主，在交通不便的山地可以推广穴状施肥。

条沟施肥与深翻扩穴技术相似，也从栽植穴边缘开始，逐年向外开条状沟，直到扩展至全园，再重新开始。开沟宽度一般为50厘米，深度30～40厘米。开沟位置连年更换。施肥时，可参照苗木栽植技术，做到回填的全部为熟土，且肥与土充分混匀。

对根系已经布满全园的成龄果园，若经过全园深翻改土的，也可采用全园施肥。将肥料均匀撒布园内，再深翻20厘米，使肥与土混匀。

（三）水分管理

猕猴桃的水分需求量大，且反应敏感，怕旱怕涝，怕忽干忽湿，必须使土壤湿度保持在田间最大持水量的70%～80%，才有利于猕猴桃的生长。猕猴桃各生长时期的水分管理要点如下：

1. **萌芽期**　一般在萌芽前灌水，促进萌芽、抽梢。此期灌透水还有降低地温、延迟萌芽的作用。

2. **花前或花后**　猕猴桃在花期中不能灌水，应根据情况在花前或花后进行，以保证正常开花、坐果及幼果的发育，对新梢生长也有重要的作用。

3. **果实迅速膨大期**　此时气温急剧上升，枝叶生长旺盛，果实迅速膨大，是猕猴桃需水高峰期，必须保证水分充足。

4. **果实成熟前**　猕猴桃果实接近成熟时，体积、重量及内含物都有显著的变化，此时适量灌水，有利于增大果个、提高品质。

5. **休眠前**　猕猴桃进入休眠前要灌一次透水。在冬季结冰的地区，一般在土壤封冻前进行，故称为"封冻水"。尤其在冬季干旱的地区，对保证猕猴桃正常越冬非常重要。

由于各地的气候条件不同，灌水时期必须根据当地的降雨情况，适当调整，灵活安排。比如在猕猴桃的某个需水时期，可能正是当地的雨季，不仅不能灌水，还要做好排涝工作。一般来说，清晨的叶片上不显潮湿时，就说明需要灌水。

五、猕猴桃花果管理

（一）花粉采集

图1-17　雄　花

在授粉前2～3天，选择比主栽品种花期略早、花粉量多、与主栽品种亲和力强、花粉萌芽率高、花期长的雄株，在傍晚和清晨采集铃铛花或半开放的雄花（图1-17）。采集量按每亩雌株需求量不低于1 000朵雄花计算，约重1.2千克。

将采集到的雄花用手在2～3毫米孔径的筛子或铁丝网上摩擦使花药脱离，或用小型电动粉碎机在低转速下进行粉碎，再过筛剔除花瓣和花丝，收集花药。

将花药在牛皮纸或开药器上平摊成薄层，自然阴干后散粉。或在22～25℃、湿度50%的干燥箱中放置一昼夜，即可散粉。散粉后，过100～120目筛，收集纯花粉，放入干燥、清洁的瓶内备用。

采集到的花粉最好及早使用。若需贮藏的，可放入家用冰箱4℃的冷藏箱里，能够保存8～10天。

（二）人工授粉

1. **人工授粉的方法**　简易的人工授粉法有花对花法、吹风授粉法及用毛笔、棉球、香烟过滤嘴等进行的点授法。操作简单，但只能用于小规模少量授粉。

大量授粉采用的主要是喷粉法和液体授粉法。

喷粉法（图1-18）是将花粉与滑石粉、淀粉、脱脂奶粉等按1：50的比例混合均匀，用电动喷粉器喷花进行授粉。添加剂不能对花粉有伤害。如果花粉与添加剂混合不均匀，一般要补充授粉一次。

液体授粉时，要配

图1-18 喷粉法

制花粉溶液，按蔗糖10% + 硼砂0.1% + 花粉2%，用清洁的水配制。花粉溶液要随配随用，要求在2小时内用完。

2.授粉时间和注意事项 授粉时，以全树25%左右的花开放时为宜。最好在晴天无风的上午，用雾化良好的喷雾器，对着雌花喷，一般喷一次即可。授粉后3小时内遇雨或在雨停后进行授粉的，要隔天再喷一次。

用多个雄性品种（株系）的花粉，进行混合授粉，效果会更好。

（三）疏花疏果

猕猴桃成花容易，坐果率高，且生理落果少，往往结果过多，果实小，品质差，采前落果严重。因此，每年要进行细致的疏花疏果。

疏花疏果首先要确定合理的留果量。留果量要根据品种、理想亩产量、栽植密度及管理水平来综合确定。一般可以根据叶果比来确定，按照4～6：1的叶果比留果。生产上重点进行的是疏花朵和疏幼果。两者均宜及早进行，以减少养分消耗。

疏花在花序分离、花梗伸长时进行。将侧花、畸形花及病虫危害的花蕾全部疏除，再调整花蕾数量，一般强旺结果枝留5～6朵，中庸结果枝留3～4朵，短果枝留1～2朵。留花量一般要比最终留果量多20%。

疏果于花后10～15天坐果后进行，首先疏除畸形果、扁平果、小果、伤果、病虫果，再根据品种果实大小、结果枝的强弱调整果实数量，一般强旺结果枝留4～5个果，中庸结果枝留2～3个果，短果枝留1个果。同时控制全树的留果量，一般比最终留果量多10%。

（四）果实套袋

套袋对猕猴桃果实大小没有明显影响，但可明显改善果实外观，果面颜色变浅，茸毛明显变细小，不易脱落，果皮孔小而美观，果面光滑清洁，提高了果实的商品价值。

（五）防止采前落果

猕猴桃在接近成熟时，由于品种及栽培管理的原因，容易造成采前落果，给生产造成很大损失。

采前落果的严重程度，首先是由品种的特性决定的。多数品种都有一定的采前落果现象，但有些品种则较少，如魁蜜。

土壤水分失调是影响猕猴桃采前落果的重要因素。长期干旱、果园积水或土壤忽干忽湿，都会加重采前落果。因此，要采取措施，维持土壤湿度的相对稳定。比如实行果园秸秆覆盖，采用节水灌溉，浇水时少灌勤灌等。

在发生采前落果的时期，要加强新梢摘心，控制营养生长，促进营养多分配于果实生长，可适当减少采前落果。

六、猕猴桃果实采收及采后处理

（一）最佳采收期

猕猴桃采收期，可根据果实的生长期、果实硬度及果面特征变化来确定，不同品种和地区的采收时期不同（图1-19和图1-20）。

判断猕猴桃果实成熟度的方法主要有两种。一种是根据果实

图1-19　猕猴桃的采摘

图1-20　采摘后的猕猴桃

的生育期来估测。如中华猕猴桃的果实生育期为140～150天，美味猕猴桃则需要170～180天，当生长期达到需要的生育期时，才能采收。栽培品种按照成熟期来划分，早熟品种一般到9月上中旬果实成熟，中熟品种到9月下旬，晚熟品种到10月上中旬，极晚熟品种则要到10月下旬至11月上旬果实才成熟。

　　另一种方法是根据果实中可溶性固形物含量来确定。测定时，削取少量果肉，将汁挤到糖量计中，观察读数即可。一般来说，可溶性固形物达6.5%～7.5%时，即为可采成熟度；达9%～12%时为食用成熟度；超过12%时则达到了生理成熟度。一般用于贮藏的，达到可采成熟度就可以采收了。而用于鲜销的，则应采得稍晚些，待达到食用成熟度时再采，需要外销的可在些基础上稍为提早。用于加工果脯、果干的，可在7～8成熟时采收，而用于加工果汁、果酱的则要求达9成熟时采收。

（二）采收方式

有人工采收和机械采收两种方式（表1-2）。

表1-2　采收方式优缺点比较

采收方式	优　点	缺　点
人工采收	轻拿轻放、避免损伤，减少腐烂	效率低
机械采收	效率高	容易造成机械损伤、影响贮藏效果

现今，提倡生产"精品"和"高档"产品，国内外猕猴桃采收主要靠人工采收。

（三）采收时注意事项

1.**采前处理**　在采收前20天、10天分别喷施0.3%氯化钙溶液各1次，以提高果实耐贮性。

2.**采前停止灌水**　为长途运输销售和贮藏，在采前10天左右，果园应停止灌水。如下雨，在雨后3～5天进行采收。

3.**采收时间**　在晴天上午或晨雾、露水消失以后采摘。避免阳光直射和阴雨天采摘。

4.**分期采收**　一棵树上的果实成熟期也略有不同，采收时应先下后上，由外向内。

5.**避免多次倒箱**　猕猴桃果实果皮薄，容易受到机械伤和挤压伤，表皮茸毛易脱落，在采收过程中要避免多次倒箱。

（四）果实分级

猕猴桃采收后，运至包装场，首先进行手工分选，剔除病虫果、日灼果、伤果和畸形果，然后按重量分级。

（五）果实包装

普通包装采用硬纸板箱，每箱果实净重2.5～5.0千克，两层果实之间用硬纸板隔开。用作优质果、高档果销售的，多采用礼盒包装，内置单层托盘，要求同一包装盒内的果实品种相同、大小一致。但这些包装均缺乏保湿装置，抗压能力也较差，主要适用于近距离的市场销售。

市场趋势使用托盘。托盘是由优质硬纸板或塑料压制成外壳，长41厘米，宽33厘米，高6厘米，内有聚乙烯薄膜，及预先压制的有猕猴桃果实形状凹陷坑的聚乙烯果盘，果形凹陷坑的数量及大小按照不同的果实等级确定。果实放入果盘后，用聚乙烯薄膜遮盖包裹，再放入托盘内，每托盘内的果实净重3.6千克。

（六）果实贮藏

1. **机械冷库贮藏** 一般温度控制在0℃左右，空气相对湿度在90%～98%，空气调节主要靠通风换气和加装乙烯脱除器来进行。

2. **气调贮藏** 气调贮藏是在冷藏的基础上，同时调控贮藏环境中的气体成分，降低氧气含量，提高二氧化碳浓度，可以有效抑制果实乙烯的生成，延缓果实衰老。该方法贮藏期最长，效果最好，但建设成本最高，在我国应用还相对较少。

3. **大帐气调贮藏** 在普通果品冷库内，将猕猴桃密封于塑料薄膜大帐内，用分子筛气调机制取氮气来调节大帐内的气体成分。该方法成本低，效果好，在我国许多猕猴桃产区得到了推广。

第二章
猕猴桃病虫害识别及防治

一、虫害

(一)介壳虫

主要包括桑白蚧和草履蚧,属半翅目。桑白蚧和草履蚧严重影响猕猴桃树的正常生长发育和花芽形成,削弱了猕猴桃树势。

1. 识别与危害

(1)桑白蚧。雌介壳圆形,直径2.0～2.5毫米,略隆起,壳点黄褐色,在介壳中央略偏;雄介壳细长,白色,长约1毫米。以若虫及雌成虫群集固着在枝干上吸食养分,严重时枝蔓上似挂了一层棉絮(图2-1和图2-2)。

(2)草履蚧。雌成虫长10毫米,褐色,被一层霜状蜡粉,体扁,呈草鞋底状;雄成虫,长5～6毫米,翅淡紫黑色,半透明。

2. 发生规律

(1)桑白蚧。一年发生2～5代。雌虫受精后在枝干上越冬,3月开始群居于枝干为害,5月繁殖量增加,为害加重,7月达到为

图2-1　桑白蚧

图2-2　桑白蚧为害状

害最高峰，部分地区至12月仍有为害。

（2）草履蚧。每年发生1代，以卵在土中越夏和越冬；翌年1月下旬至2月上旬，开始在土中孵化，孵化期要延续1个多月。若虫出土后沿茎上爬至梢部、芽腋或初展新叶的叶腋刺吸为害。5月羽化为成虫，交配后，雌成虫潜入土中产卵。

3. 防治措施

（1）植物检疫。防止苗木、接穗带虫传播蔓延。

（2）农业防治。剪除病虫枝，改善通风透光条件；加强果园田间管理，促进果树枝条健壮生长，恢复和增强树势。在草履蚧雄虫化蛹期、雌虫产卵期，清除附近墙面虫体。

（3）生物防治。注意保护及利用天敌，如红点唇瓢虫及日本方头甲等。在5～6月天敌发生盛期，使用对天敌安全的低毒杀虫剂。

（4）化学防治。①休眠期防治。春季萌芽前喷5%柴油乳剂、95%溶敌机油乳剂50倍液、5波美度石硫合剂、48%毒死蜱乳油1 000倍液。②生长期防治。桑白蚧若虫分散转移期（5月下旬、7月中旬）用40%毒死蜱乳油1 000倍液、30%噻嗪·毒死蜱乳油1 500倍液、25%噻嗪酮可湿性粉剂1 000倍液、12.5%氰戊·喹硫磷乳油1 000倍液、40%啶虫·毒死蜱乳油2 000倍液、38%吡虫·噻嗪酮悬浮剂1 500倍液、25%噻虫嗪水分散粒剂4 000倍液。杀虫剂应交替施用，每个孵化盛期（若虫分散转移期）是药剂防治的关键时期。连喷2～3次药，可有效防止桑白蚧的发生蔓延。

在草履蚧孵化始期后40天左右喷药，药剂选择参照桑白蚧。

（二）叶蝉

叶蝉是半翅目叶蝉科害虫的总称，俗称浮尘子。在猕猴桃上为害的叶蝉种类有桃一点斑叶蝉、小绿叶蝉（图2-3和图2-4）、大青叶蝉、黑尾叶蝉、葡萄斑叶蝉等。

图2-3　小绿叶蝉成虫（张斌　摄）　　图2-4　小绿叶蝉若虫（张斌　摄）

1. **识别与危害**　叶蝉体小，体长3～12毫米，外形似蝉，后腿胫节有刺2列，善跳跃，有"横走"的习性。成虫、若虫刺吸植物汁液危害，叶片被害后出现淡白色斑点，而后点连成片，直至全叶苍白枯死。

2. **发生规律**　叶蝉通常以成虫或卵越冬。越冬卵产在寄主组织内。成虫蛰伏于植物枝叶丛间、树皮缝隙里。3月中下旬，叶蝉开始活动。6月中旬至7月中旬为第一次高峰，9月上旬开始至11月上旬，为第二次高峰，11月中旬以后，叶蝉开始越冬。成虫、若虫均善走能跳，成虫且可飞行迁徙，具有趋光习性。

3. **防治措施**

（1）农业防治。冬季清除杂草和枯枝落叶，集中烧毁，以压低越冬虫口密度。

（2）物理防治。黑光灯诱杀成虫，可降低下一代虫口发生的基数。

（3）生物防治。保护和利用天敌，如蜘蛛、华姬猎蝽、寄生蜂、小枕异绒螨等。

（4）药剂防治。各代若虫盛发期是化学防治的关键时期。可喷施10%吡虫啉可湿性粉剂1 500倍液、5%啶虫脒乳油2 000倍液、25%噻嗪酮可湿性粉剂1 000倍液、25%噻虫嗪水分散粒剂4 000倍液、0.5%印楝素乳油2 000倍液、40%联苯·噻虫啉悬浮剂2 000倍液、50%烯啶虫胺可溶液剂2 500倍液、50%吡蚜酮水分散粒剂2 500倍液、25%丁醚脲悬浮剂5 000倍液。周边的杂草和草坪也要注意喷药兼治。

（三）吸果夜蛾

吸果夜蛾属鳞翅目夜蛾科害虫，主要以刺吸果实汁液为害。猕猴桃上的吸果夜蛾以嘴壶夜蛾、鸟嘴壶夜蛾和枯叶夜蛾为主。

1. 识别与危害

（1）嘴壶夜蛾。成虫体长18毫米，翅展34～40毫米，头部棕红色，腹部背面灰白色。老熟幼虫长44毫米左右，漆黑色（图2-5和图2-6）。

图2-5　嘴壶夜蛾幼虫　　　　图2-6　嘴壶夜蛾成虫

（2）鸟嘴壶夜蛾。成虫体长23～26毫米，翅展49～51毫米，头部及前胸赤橙色，中、后胸褐色。前翅紫褐色。老熟幼虫体长约46毫米，灰黄色（图2-7和图2-8）。

图2-7　鸟嘴壶夜蛾幼虫

图2-8　鸟嘴壶夜蛾成虫

图2-9　枯叶夜蛾

（3）枯叶夜蛾。成虫体长35～42毫米，翅展约100毫米，前翅灰褐色，后翅黄色。老熟幼虫长60～70毫米，紫红色或灰褐色（图2-9）。

当果实近成熟期，吸果夜蛾成虫用口器刺破猕猴桃果皮而吮吸果汁。刺孔很小难以察觉，约1周后，刺孔处果皮变黄、凹陷并流出胶液，其后伤口附近软腐，并逐渐扩大为椭圆形水渍状的斑块，最后整个果实腐烂。

2．发生规律　吸果夜蛾1年发生3～4代，以幼虫或成虫越冬。发生时期从5月下旬至11月中旬，为害高峰主要在6月中下旬、8月中下旬、9月中旬至10月中旬。主要以第3代成虫为害猕猴桃果实。

3．防治措施

（1）搞好清园。将果园及其四周的木防已、汉防已等杂草连根铲除。

（2）果实套袋。从幼果期始对猕猴桃果进行套袋。

（3）诱杀成虫。利用黑光灯进行诱杀；用8％糖和1％醋的水溶液加0.2%氟化钠配成诱杀液，挂瓶诱杀。

（4）拒避成虫。在每10亩猕猴桃园中，设40瓦金黄色荧光灯

6盏，能减轻吸果夜蛾为害。

（四）金龟子

金龟子是杂食性害虫，属鞘翅目金龟科。幼虫俗称"蛴螬"（图2-10），是猕猴桃生产中的重要害虫，在我国猕猴桃产区发生普遍，在山地果园普遍受害较严重。为害嫩叶、嫩芽。主要有白星花金龟、苹毛丽金龟、铜绿丽金龟、黑绒鳃金龟。

图2-10　蛴螬

1．识别与危害

（1）白星花金龟。成虫体长16～24毫米，椭圆形，全身黑铜色，带有绿色或紫色金属光泽，体表散布众多不规则白绒斑。幼虫体长24～39毫米，头部褐色，胸足3对，身体向腹面弯曲呈"C"字形（图2-11）。

（2）苹毛丽金龟。成虫体长约10毫米，卵圆或长卵圆形。头胸部古铜色、有金属光泽，鞘翅半透明、茶褐色、鞘翅上有纵列成行的细小点刻（图2-12）。幼虫体长约15毫米，头黄褐色，胸腹部乳白色各节皆有横皱纹，无腹足。

图2-11　白星花金龟（张怀江　摄）

图2-12　苹毛丽金龟（张怀江　摄）

（3）铜绿丽金龟。成虫体长约20毫米，长椭圆形，全身背面为铜绿色，有金属光泽。幼虫体长约30毫米，除头部为黄褐色，其余均为乳白色，身体向腹面弯曲呈"C"字形。

（4）黑绒鳃金龟。成虫体长8～9毫米，卵圆形，全身黑色，密披绒毛，有一定的金属光泽。幼虫体长约15毫米，头部黄褐色，胸部乳白色，腹部末节腹面有刺。

2. 发生规律　金龟子自4月下旬至5月上旬开始转移到猕猴桃园中为害嫩枝、细叶和花蕾，5月下旬至6月上旬、7月下旬至8月中旬出现两个为害高峰，9月以后数量极少。金龟子大多种类有昼伏夜出的为害习性。

3. 防治措施

（1）农业防治。秋末深翻土地，消灭部分越冬幼虫和成虫，并进行人工捕捉。

（2）物理防治。利用金龟子的假死性和趋光性，进行振落捕杀，频振灯诱杀。

（3）化学防治。①蛴螬防治。每公顷用5%辛硫磷颗粒剂30～40千克0.5%阿维菌素颗粒剂30～40千克，拌细土撒施。②成虫防治。最好的防治期在4月出土时和5～7月，可用20%氰戊菊酯乳油2 000倍液、50%马拉硫磷乳剂1 000～1 500倍液喷雾。成虫上树为害期，可用溴氰菊酯或氰戊菊酯喷施防治。

（五）猕猴桃透翅蛾

猕猴桃透翅蛾属鳞翅目透翅蛾科。中国已知有40余种。

1. 识别与危害　猕猴桃透翅蛾双翅狭窄。翅面被稀疏鳞片。喜在白天飞翔，夜间静息。以幼虫蛀食枝蔓内部为害。从蛀孔处排出褐色粪便，被害处膨大肿胀似瘤，叶片变质，果实脱落，最后造成枝蔓死亡。

2. 发生规律　猕猴桃透翅蛾一般1年发生1代，以老熟幼虫在粗枝内越冬，3月起在被害茎干内侧化蛹，4～5月羽化为成虫。成虫将卵产在当年生枝条叶腋或嫩梢上。幼虫孵化后从叶柄茎部蛀入嫩梢中的髓部向下蛀食，形成孔道，被害处上方嫩梢常枯萎或折断，嫩枝食空后，幼虫向下转移到老枝中继续为害，被害老枝常膨大如瘤状，茎干上有虫孔，常堆积大量虫粪。管理粗放，果树生长不良的果园受害严重。

3. 防治措施

（1）物理防治。成虫羽化产卵期和幼虫孵化初期，对树干1米以下的老树皮、旧羽化孔、被害部位等产卵场所进行刮皮，收集刮下来的树皮、碎屑并集中烧毁，消灭其中的虫卵和初孵出的幼虫；在羽化盛期设置黑光灯诱集成虫；用性诱剂诱杀雄虫。

（2）化学防治。可用毒死蜱乳油与水1∶1混合在幼虫期在树干上打孔注药，毒杀幼虫。成虫期，及时喷洒20%氰戊菊酯乳油2 000～3 000倍液等。也可在花前3～4天和谢花后喷药，各喷1次。

（六）苹小卷叶蛾

苹小卷叶蛾属鳞翅目卷叶蛾科。

1. 识别与危害　成虫体长6～8毫米，翅展15～20毫米，黄褐色（图2-13）。卵扁平，椭圆形，淡黄色（图2-14）。初孵幼虫淡绿色（图2-15），老熟幼虫翠绿色，体长13～18毫米，头上黄白色，胸足均是淡黄色。蛹呈黄褐色，长9～11毫米（图2-16）。一般为害猕猴桃嫩叶、花蕾、果实等。

图2-13　苹小卷叶蛾成虫（张怀江　摄）　图2-14　苹小卷叶蛾卵（张怀江　摄）

图2-15　苹小卷叶蛾幼虫（张怀江　摄）　图2-16　苹小卷叶蛾蛹（张怀江　摄）

2. **发生规律**　1年发生3～4代，以二龄幼虫在树干皮下，枯枝落叶上结茧越冬，春天孵化后幼虫主要为害幼芽、嫩叶、花蕾和果实，9～10月作茧。

3. **防治措施**

（1）农业防治。消灭越冬幼虫，摘除叶虫苞烧毁。

（2）生物防治。用松毛虫、赤眼蜂等天敌进行防治。

（3）化学防治。在孵化期喷洒80%敌敌畏乳油400～500毫克/千克，为害期用20%氰戊菊酯乳油2 000～3 000倍溶液喷洒。

（七）斑衣蜡蝉

斑衣蜡蝉属半翅目害虫。

1. **识别与危害**　成虫体长14～15毫米，翅展40～55毫米，体小，短而宽，全体披有白色蜡粉，前翅基部2/3为淡灰褐色，有黑点，端部1/3为黑色，后翅臀区1/3鲜红色，中部白色，有7～8个黑点，端部黑色并有蓝色纵纹，头呈三角形向上翘起。若虫体扁平，初龄若虫黑色有白点，末龄若虫红色有黑斑（图2-17和图2-18）。以成虫、若虫刺吸为害猕猴桃的嫩叶，嫩枝干，排泄出的粪便可造成叶面、果面污染，可造成树体衰弱、树皮枯裂、甚至树体死亡。

2. **发生规律**　1年发生1代，以卵越冬，次年4～5月孵化，若虫常群集在果树的幼枝和嫩叶背面取食为害，若虫期约40天，

图 2-17　斑衣蜡蝉成虫

图 2-18　斑衣蜡蝉幼虫

经过4次蜕皮变为成虫。成虫和若虫后腿强劲发达，跳跃自如，爬行较快，可加速躲避人的捕捉。7～8月是为害果树的高峰期，雌雄虫交尾后，雌虫多将卵块产在树干与枝条分叉的背阴下面，卵块表面外附一层粉状蜡质保护膜。

3. 防治措施

（1）农业防治。春冬修剪剪除虫枝，铲除卵块。

（2）化学防治。4～5月幼虫期，喷布2～3次40%毒死蜱乳油1 000～1 500倍液；6～8月，全园喷布氯氟氰菊酯，10～15天喷布一次，杀灭成虫。

（八）蝽

蝽属半翅目。体形一般为椭圆形或长椭圆形，且略带扁平。口器刺吸式，为害寄主植物的茎叶或果实。其若虫、成虫均能造成危害。被害叶片和嫩茎出现黄褐色斑点，导致叶片提早脱落。被害果实常变成畸形，受害部位果肉硬化，品质变差。

为害猕猴桃的蝽主要有菜蝽、麻皮蝽、二星蝽、广二星蝽、紫蓝曼蝽、稻棘缘蝽、斑须蝽和小长蝽等。

1. 识别与危害

（1）菜蝽。菜蝽成虫体长6～9毫米，椭圆形，橙黄或橙红色，头黑色，翅的革质部分有橙黄或橙红和黑色相间的色块。足黄、黑相间。

（2）麻皮蝽。麻皮蝽的成虫虫体较大，黑色，密布黑色刻点和细碎的规则黄斑。若虫身体扁洋梨形，前端较窄，后端宽圆，全身侧缘具浅黄色狭边。

（3）二星蝽。体长4.5～5.6毫米，宽3.3～3.8毫米，背面有2个黄白光滑的小圆斑。

2．发生规律

（1）菜蝽1年发生1～2代，3月下旬开始活动，4月下旬交配产卵。5～9月是成虫与若虫的主要为害时期。具有微弱的趋光性，灯光下常可捕捉到。

（2）麻皮蝽1年发生1～2代，发生2代的地区，越冬成虫3月下旬开始出现，4月下旬至7月中旬产卵，第一代若虫5月上旬至7月下旬开始为害；第二代7月下旬初至9月上旬开始为害。有弱趋光性和群集性。

（3）二星蝽以成虫在杂草丛、枯枝、落叶间越冬。越冬成虫在3月下旬开始活动，4月中旬至5月中旬产卵。成虫和若虫均喜阴蔽，多栖息在嫩穗、嫩茎或浓密的叶丛间，遇惊吓即跌落在地面。成虫具有弱趋光性，可在黑光灯下诱捕到。

3．防治措施

（1）农业防治。及时清园，铲除杂草并烧毁，以减少越冬虫基数。对有群集习性的蝽，可在群集时捕捉杀死。

（2）化学防治。可采用50%杀螟硫磷乳油1 000～2 000倍液等药剂，喷洒防治。

（3）物理防治。利用蝽生活习性上的某些弱点，采取相应措施防治。如对有明显假死的蝽，可于出蛰树初期，将其振落捕杀；或于树干上束草，诱集该虫入内越冬，然后将其烧死；对于有集中在树干皮缝中越冬的蝽，则可用刮除树皮或用硬刷刷死的方法进行防治。

（九）猕猴桃东方小薪甲

1. **识别与危害**　成虫体长1.2～1.5毫米，口器为咀嚼式，黑褐色或深红色。主要为害两个相邻果，受害后果面出现针尖大小的孔，果面表皮细胞形成木栓化凸起，受害后有明显小孔而表面下果肉坚硬，使口感变差，没有商品价值。

2. **发生规律**　1年发生2代，5月下旬至6月上旬，是为害高峰期。7月中旬出现第二代成虫，此时对猕猴桃为害较轻。

3. **防治措施**　5月中旬当猕猴桃花开后及时防治，比往年提前10天，连续喷2次杀虫药，一般间隔10～15天一次。选用40%毒死蜱乳油1 200～1 500倍液或40%毒死蜱乳油1 200～1 500倍液+25%丙环唑乳油7 500倍液＋柔水通4 000倍液。也可临时性用5%高效氯氟氰菊酯3 000倍液＋柔水通4 000倍液。

（十）猕猴桃红蜘蛛

1. **识别与危害**　猕猴桃红蜘蛛体形非常小，呈主要通过吸食叶片汁液或猕猴桃幼嫩组织为害（图2-19）。受害叶片出现叶缘上卷，叶片褐黄失绿，最后枯黄脱落。为害严重时，叶片焦黄，树势变弱，果实膨大缓慢，形成次果，影响产量。

2. **发生规律**　猕猴桃红蜘蛛一年多代，一般的从2月中旬开始活动，6月中下旬开始为害，7月中下旬，高温干旱时是为害的高峰期，到8月下旬至9月初，为害逐渐减轻。环境温度低于26℃，猕猴桃红蜘蛛的繁殖会受到抑制，10月底开始越冬。

图2-19　猕猴桃红蜘蛛

3. 防治措施

（1）农业防治。加强园内水肥管理，增强树势，提高果树抵抗病虫害的能力、注意冬季清园。

（2）化学防治。在6~8月连续喷药防治2~3次，在6月中旬虫情始发期或发生之前，进行第一次喷药。7月上中旬虫情爆发期进行第二次喷药，8月上旬进行巩固性第三次喷药。药物可采用15%阿维·毒死蜱乳油3000~4 000倍液＋柔水通有很好的效果。冬季全园全株喷施3~5波美度石硫合剂或其他代用品，达到病、虫、卵并杀的目的。

（十一）桑毛虫

桑毛虫，别名金毛虫、桑斑褐毒蛾，纹白毒蛾。鳞翅目害虫。

图2-20　桑毛虫幼虫

1. 识别与危害　成虫白色，体长14~18毫米，翅展36~40毫米。幼虫体长26~40毫米，头黑褐色，体黄色（图2-20）。幼虫食害芽、叶，将叶食成缺刻或孔洞，甚至食光，仅留叶脉。

2. 发生规律　1年发生2代，以三龄幼虫在枝干缝隙、落叶中结茧越冬。第二年春天，果树发芽时越冬幼虫破茧而出，为害嫩芽和叶片，5月中旬开始老熟后结茧化蛹，6月上旬羽化，成虫有趋光性，卵产于叶背或枝干上，初孵幼虫群集叶背，取食叶肉，三龄后分散为害叶片，7月下旬至8月上旬羽化为第1代成虫，交尾产卵繁殖第2代幼虫，幼虫为害至10月，以三龄幼虫寻找适宜场所越冬。

3. 防治措施

（1）农业防治。秋季越冬前，在树干上束草，诱集越冬幼虫，冬后出蛰前把草取下，同时采除枝干上的虫茧，放入寄生蜂保护器中，待天敌羽化后，再把草束烧毁。及时摘除卵块，摘除群集幼虫。

（2）化学防治。于幼虫发生期树上施药。

（十二）猕猴桃蝙蝠蛾

猕猴桃蝙蝠蛾属鳞翅目蝙蝠蛾科，为蛀干性害虫。

1. 识别与危害　成虫体长32～36毫米，翅展69～74毫米，体灰褐色；头胸密生灰褐色毛，前翅外边缘有5个枯叶斑，3个黄斑。老熟幼虫体长60～73毫米。头和前胸黑褐色（图2-21），受惊后吐出黑褐色的黏液。以幼虫钻蛀枝干为害。

图2-21　猕猴桃蝙蝠蛾幼虫（张斌　摄）

2. 发生规律　两年发生1代，9月底至10月初，以卵在地面草丛中或幼虫在树干蛀道内越冬。翌年4月下旬至5月上旬孵化，6月上旬至9月下旬为幼虫为害盛期，第三年4月中旬至5月上旬开始化蛹，成虫于5月出现。

3. 防治措施

（1）农业防治。结合修剪，剪除带虫枝蔓并烧毁。

（2）物理防治。5月雨后，成虫大量羽化期，到受害猕猴桃蛀孔附近去捕捉成虫；5月上旬之前有新粪排出，判断蛀食部位后，用铁丝刺杀幼虫、蛹。

（3）化学防治。用棉球蘸敌敌畏、氯氰菊酯药液塞入虫道内，并密封虫道，杀死幼虫。

（十三）斜纹夜蛾

鳞翅目害虫，又名莲纹夜蛾，俗称夜盗虫、乌头虫等。

1.识别与危害 成虫体长14～20毫米，翅展35～46毫米，体暗褐色，前翅灰褐色，花纹多，翅中间有明显的白色斜带纹（图2-22）；幼虫体长33～50毫米，头部黑褐色，胸部颜色多变，背面各节有近似三角形的半月黑斑1对。以幼虫咬食叶片、花及果实为害。

图2-22　斜纹夜蛾

2.发生规律 1年发生4～8代，初孵幼虫具有群集为害的习性，三龄以后则开始分散，老龄幼虫有昼伏性和假死性。成虫具有趋光性和趋化性。

3.防治措施

（1）农业防治。清除杂草，破坏化蛹场所，减少虫源；摘除卵块和群集为害的初孵幼虫。

（2）物理防治。成虫发生期，用黑光灯、糖醋毒液诱杀成虫。

（3）化学防治。幼虫发生期，喷施50%氰戊菊酯乳油4 000～6 000倍液，或25%马拉硫磷1 000倍液2～3次，每隔7～10天喷施1次，喷匀喷足。

（十四）广翅蜡蝉

广翅蜡蝉属于半翅目害虫。为害猕猴桃的种类很多，主要包括八点广翅蜡蝉（图2-23）、柿广翅蜡蝉和眼纹广翅蜡蝉等。

1. 识别与危害 多数广翅蜡蝉在形态上都相似。成虫体长7～15毫米，翅宽阔，不同的种类翅上的斑纹不同。若虫体宽胖、菱形，腹部末端多有各种形态的蜡丝。以成虫和若虫吸取幼嫩部分汁液危害，成虫产卵也会导致枯枝。

图2-23　八点广翅蜡蝉

2. 发生规律 八点广翅蜡蝉1年发生1代，以卵于枝条内越冬。5月间陆续孵化，7月下旬开始老熟羽化，8月中旬前后为羽化盛期。8月下旬至10月下旬为产卵期。成虫产卵于当年发生枝木质部内，以直径4～5毫米粗的枝背面光滑处落卵较多，产卵孔排成1纵列，孔外带出部分木丝并覆有白色棉毛状蜡丝，极易发现与识别。

3. 防治措施

（1）农业防治。冬剪时，剪除有卵块的枝条集中处理，减少虫源。

（2）化学防治。可喷施菊酯类及其复配药剂等，均有较好效果。

二、病害

（一）猕猴桃细菌性溃疡病

猕猴桃细菌性溃疡病是一种严重威胁猕猴桃生产的毁灭性病害，被列为全国森林植物检疫对象。此病来势凶猛，流行年份致使全园濒于毁灭，造成重大经济损失。

1. 症状识别 猕猴桃细菌性溃疡病不仅可造成产量降低，而且导致果皮变厚、果味变酸、果实变小、果形不一、品质下降、商品价值降低。猕猴桃细菌性溃疡病症状见表2-1。

表2-1　猕猴桃细菌性溃疡病症状

发病时间	发病症状	
	主要发病部位	识别依据
11月下旬至次年1月	茎蔓幼芽、皮孔、落叶痕、枝条分叉处	1.水渍状病斑 2.病斑皮层与木质部分离，用手挤压呈松软状
	冬剪切口	易在暖冬年份出现，重病株12月下旬出现流脓
次年2月初至5月下旬	枝干	1.自粗皮、皮孔、剪口、裂皮等伤口出现流脓现象（俗称流水） 2.流脓初期为白色黏液，即菌脓 3.菌脓的发展：小红点→白色菌脓→红色（几天后氧化）→变黑、烂皮→枯枝 4.用刀割开病茎，皮层和髓部均变褐腐烂，髓部充满乳白色黏液 5.早春流脓不明显，查看病情应选择早晨10点以前，此时症状比较明显 6.患病枝不易发芽，即使发芽不久便枯萎
次年2月初至5月下旬	叶片	1.病斑多见于老叶 2.病斑受叶脉限制而成多角形，2~3毫米不规则暗褐色病斑 3.病斑有时有黄色晕圈 4.严重时卷叶成杯状
	花蕾、花	1.花蕾外侧变成褐色，严重时枯死脱落 2.花瓣变成褐色，不开放，或花朵形状不完全
次年6月至8月		高温抑制，病害潜伏，不再发展
次年9月后	叶片	受害叶提早脱落

（1）叶部症状。在新生叶片上呈现褪绿小点，水渍状，后发展成不规则形或多角形、褐色斑点，病斑周围有较宽的黄色晕圈。在连续低温阴雨的条件下，因病斑扩展很快，有也不产生黄色晕圈。严重时，叶片卷曲成杯状（图2-24）。

（2）枝干症状。病菌能够侵染至木质部造成局部溃疡腐烂，影响养分的输送和吸收，造成树势衰弱，流出白色至红褐色菌脓，严重时可环绕茎杆引起，形成龟裂斑，甚至致使树体死亡（图2-25）。

图2-24　猕猴桃细菌性溃疡病
——杯状叶

图2-25　猕猴桃细菌性溃疡病
——枝干症状

2. 侵入传播途径　猕猴桃细菌性溃疡病的病菌从气孔、水孔、皮孔、伤口（虫伤、刀伤、冻伤等）等进入植株体内裂殖。传播途径主要是借风、雨、嫁接等活动进行近距离传播，并通过苗木、接穗的运输进行远距离传播。

3. 发生规律　猕猴桃细菌性溃疡病病菌对高温适应性差，在气温5℃时开始繁殖，15～25℃是生长最适宜温度，在感病后7天即可见明显病症，30℃时短时间也可繁殖。所以容易在冷凉、湿润地区发生并造成大的危害。2月初在多年生枝干上出现菌脓白点，自粗皮、皮孔、剪口、裂皮等伤口溢出，并迅速扩散变乳白色，自后变红褐色。3月末以后，溢出的菌脓增多，病部组织软腐变黑，枝干出现溃疡斑或整株枯死，成熟新叶出现褐色病斑，周围组织有黄色晕圈。6月后发病减轻，夏、秋、冬季处于潜伏状态。

（1）叶片发病规律。叶部感病，先形成红色小点，外围有不明显的黄色晕圈。后扩大为不规则的暗绿色病斑，叶色浓绿，黄色晕圈明显。在潮湿条件下迅速扩大成水渍状大斑，受叶脉限制呈多角形。秋季产生的病斑呈暗紫色或暗褐色，晕圈较窄（图2-26）。

图2-26　猕猴桃细菌性溃疡病叶部发病规律
1.初期症状　2.中期症状　3.潮湿症状　4.秋季症状

（2）枝干发病规律。溃疡病多从茎蔓的幼芽、皮孔、落叶痕、枝条分叉部开始，初呈水渍状，后病斑扩大，色加深，皮层与木质部分离，手压感觉松软。后期病部皮层呈纵向线状龟裂，流出青白色黏液，后转为红褐色。

　　病斑绕茎迅速扩展，病茎横切面可见皮层和髓部变褐色，髓部充满白色菌脓（图2-27）。受害茎蔓上部枝叶萎焉死亡。

4. 防治措施

（1）病斑处理。此技术主要针对猕猴桃植株的主杆上的溃疡病病斑，目的是减少溃疡病活菌数量及清除发病部位的腐烂组织。①用具与药剂。工具：小刀、洒精瓶（内装75%酒精）、无菌塑料布条、毛笔等工具；药液：72%的硫酸链霉素可溶粉剂稀释100～200倍液、3%中生菌素可湿性粉剂50～100倍液、6%春雷霉素可湿性粉剂50～100倍液、1%申嗪霉素悬浮剂100～150倍液等。②实施方案。

图2-27　猕猴桃细菌性溃疡病白色菌脓

时间：每年冬季、春季，树干出现病斑、流脓等症状的时期；方法：用消毒后的小刀，刮除猕猴桃树干病斑，包括发病表皮、变色木质部和距病斑边缘0.5厘米左右的健康表皮，选取上述药液涂抹在刮除部分，然后用无菌塑料布包好。③注意事项。小刀用完后及时消毒，避免交叉传染；刮除的病部组织要及时带出园区，集中烧毁。

（2）涂干。此技术主要是针对猕猴桃植株冬季越冬制定的。①用具与药剂。工具：水桶、刷子等；药剂：涂白剂可自行配制，生石灰10份、石硫合剂2份、食盐1～2份、黏土2份、水35~40份，也可选商品制剂。②实施方案。时间：每年采果后对树体进行保护，在11月初至12月初进行，猕猴桃植株涂干技术的应在冬季修剪、清园后进行；方法：将调制好的涂白剂用刷子均匀地涂抹在冬剪后主干和主蔓上，以覆盖全部主干和主蔓为准，特别是一些树缝隙处。本方法既可防止病菌浸入树干，又可预防树干冬季冻害。

（3）灌根。①用具与药剂。工具：水桶、量杯、玻璃棒等；药液：72%的硫酸链霉素可溶粉剂稀释500～1 000倍液、3%

中生菌素可湿性粉剂200～500倍液、6%春雷霉素可湿性粉剂200～500倍液、36%三氯溴异氰尿酸可湿性粉剂300～500倍液、1%申嗪霉素悬浮剂500～1 000倍液、荧光假单胞杆菌500倍液等。②实施方案。时间：猕猴桃溃疡病重点发生期，4月初至6月；方法：选取以上药剂两种以上，复配制成上述浓度药液。按每棵猕猴桃树3~5升的施药量进行灌根施用，以湿润猕猴桃根系附近土壤为准，发生严重的果园，每15天施用1次。③注意事项。选择药剂时应选择内吸性较好的药剂，药剂需要交替使用和混合施用。

（二）猕猴桃褐斑病

猕猴桃褐斑病又称叶斑病，主要为害叶片和枝干，是猕猴桃生长期严重的叶部病害之一。严重时导致叶片大量枯死或提早脱落，影响果实产量和品质。

图2-28　猕猴桃褐斑病——叶部病斑

1. 症状识别

发病初期，多在叶片边缘产生近圆形暗绿色水渍状斑，在多雨高湿的条件下，病斑迅速扩展，形成大型近圆形或不规则形斑。后期病斑中央为褐色，周围呈灰褐色或灰褐相间，边缘深褐色，其上产生许多黑色小点（图2-28）。

在多雨高湿条件下，病情发展迅速，病部由褐色变成黑色，引起霉烂。严重时，受害叶片卷曲破裂，干枯易脱落（图2-29和图2-30）。

2. 传播途径
病菌可以在病残体上越冬，翌年春季萌发新叶后，借助风雨飞溅到嫩叶上，一年内可多次发病。

3. 发生规律
5～6月为病菌侵染高峰期，病菌从叶背面入侵。7～8月为发病高峰期。高温高湿易发此病。

图 2-29　猕猴桃褐斑病——叶片卷曲破裂　　图 2-30　猕猴桃褐斑病——叶片干枯

4.防治措施

（1）农业防治。加强果园管理，清沟排水，增施有机肥，适时修剪，清除病残体。

（2）化学防治。发病初期，使用 75% 百菌清 500 倍液、25% 嘧菌酯 1 500 倍、68% 精甲霜锰锌 400 倍液，隔 5 ~ 7 天喷 1 次，连喷 2 ~ 3 次。发病中期使用 30% 苯甲丙环唑 2 000 倍液，32.5% 苯甲嘧菌酯 1 500 倍液。在采果前 30 天，用 56% 嘧菌·百菌清 1 000 倍液喷 1 ~ 2 次，可延长叶片寿命，提高果实品质。用 70% 代森锰锌 400 ~ 800 倍液叶面喷施，要均匀周到片片见药、或喷洒猕杀粉剂 600 ~ 800 倍液，如发现园内叶片有红蜘蛛，可在药液中加入阿维菌素或阿维甲氰 1 500 ~ 2 000 倍液，兼杀红蜘蛛。

（三）猕猴桃黄叶病

猕猴桃黄叶病在各地普遍发生，造成严重危害，尤其在地下水位较高的湿地，发病率较高，发病株率占到栽培总株数的 20% 左右，严重田块发病株率高达 30% ~ 50%。

1. **症状识别**　　发生黄化病的叶片，除叶脉为淡绿色外，其余部分均发黄失绿（图 2-31），叶片小，树势衰弱。严重时叶片发白，外缘卷缩、枯焦，果实外皮黄化，果肉切开呈白色，丧失食用价值，长时间发病还会引起整株树死亡。

图2-31 猕猴桃黄叶病叶部症状

2. 发病原因 发病严重的有5种情况：

（1）进入盛果期的老果园因结果负载量大而发病严重。

（2）以往的上浸地和无法浇灌的干旱果园。

（3）不注意氮、磷、钾及微量元素平衡配套施肥的果园。

（4）忽视防治线虫病、根腐病危害的果园。

（5）管理粗放的果园。

以上几种情况都从根本上导致树势衰弱，根系吸收、输送能力下降而发生黄叶病。

3. 防治措施

（1）农业防治。结合修剪抹芽、疏花疏果，剪除病枝蔓，抹掉病弱芽，合理留花留果，以免果树负载量过大，造成树势衰弱，降低自身抗病能力；注意平衡施肥，结合浇水，在施足氮、磷（磷肥不宜施用过量）肥料的同时注意增施氯化钾或硫酸钾，盛果园每667米^{2}7千克。在偏碱性土壤中加施硫酸铵、硝酸铵、酒糟、醋糟和腐熟的有机肥、生物钾、生物有机肥等，增强树势，提高抗病能力。

（2）化学防治。中草药保护性杀菌剂靓果安和叶面肥沃丰素配合使用。

靓果安重点使用时期：萌芽展叶期、新梢生长期各喷施1次（4～5月）、果实膨大期6～8月，每个月全园喷施靓果安效果佳。

沃丰素重点使用时期：新梢期、花后、果实膨大期使用，按500～600倍液（每350毫升兑水200千克使用）各时期喷施1次。

（四）猕猴桃黑斑病

1. 症状识别 受害叶背面生出许多点状、团块状至不规则形，黑褐色或灰黑色厚而密的扩散霉层。叶片初期生褪绿的黄色小点，后扩大成圆形至不规则形的黄褐色至深褐色病斑，其上依稀可见许多近黑色小点，一片叶子上有数个或数十个病斑，病斑上有黑色小霉点（图2-32），后期融合成大病斑。严重时叶片变黄早落，影响产量。

图2-32　猕猴桃黑斑病叶部症状

2. **发生规律**　病菌在叶片病部或病残组织中越冬，翌年春天猕猴桃开花前后开始发病。进入雨季病情扩展较快，有些地区有些年份可造成较大损失。

栽植过密、棚（篱）架低矮、枝叶稠密或疯长而通风透光不良的果园极利于病害的发生与流行。

3. **防治措施**

（1）农业防治。建园时选用抗病品种，如梅沃德、建宁79D-13等品种（株系）；生产管理上除做好冬剪、夏剪、落叶后清园外，还应注意防止病菌传入。

（2）化学防治。对发病植株，在发病初、中期对全植株喷洒70%甲基硫菌灵可湿性粉剂1 000倍液，或25%多菌灵可湿性粉剂500倍液，或20%三环唑可湿性粉剂1 000倍液。

（五）猕猴桃轮纹斑病

1. **症状识别**　主要为害叶片，7～8月发生。叶上初生黄褐色小点，后扩展成枯斑，边缘褐色，中部灰褐色，有较明显轮纹。病部生有黑色小粒点。

2. **发生规律**　病菌在叶片等病残体上越冬，翌年6～8月高温多雨季节进入发病盛期。品种间抗病性有差异。

3. 防治措施

（1）农业防治。重病区选用抗病品种；发病初期，于5～6月及时剪除发病枝条；秋冬认真清园，结合修剪，彻底清除枯枝、落叶，剪除病枝，集中烧毁病残体，消除病源。

（2）化学防治。春季萌芽前喷布1次3～5波美度的石硫合剂。发病初期喷施25%苯菌灵乳油700倍液或50%甲基硫菌灵可湿性粉剂900～1 000倍液、12%松脂酸铜乳油600倍液。

（六）猕猴桃炭疽病

1. **症状识别**　为害症状一般从猕猴桃叶片边缘开状，初呈水渍状，后变为褐色不规则形病斑。病健交界明显。病斑后期中间变为灰白色，边缘深褐色。受害叶片边缘卷曲，干燥时叶片易破裂，病斑正面散生许多小黑点。

2. **传播途径**　病菌主要以菌丝体或分生孢子在病残体或芽鳞、腋芽等都位越冬。病菌从伤口、气孔或直接侵入，病菌有潜伏侵染现象。

3. **防治措施**

（1）农业防治。注意及时摘心绑蔓，使果园通风透光，合理施用氮、磷、钾肥，提高植株抗病能力，注意雨后排水，防止积水；结合修剪、冬季清园、集中烧毁病残体。

（2）化学防治。在猕猴桃生长期，果园初次出现孢子时，3～5天内开始喷药，以后每10～15天喷1次，连喷3～5次。使用药剂有（1∶0.5∶200）波尔多液，0.3波美度的石硫合剂加0.1%洗衣粉，50%甲基硫菌灵可湿性粉剂800～1 000倍液，65%代森锌可湿性粉剂500倍液，50%代森铵水剂800倍液。

（七）猕猴桃灰斑病

1. **症状识别**　猕猴桃灰斑病一般从叶片叶缘开始发病，叶片上有灰色病斑，初期病斑呈水渍状褪绿褐斑，随着病情的发展，病斑逐渐沿叶缘迅速纵深扩大，侵染局部或大部叶面。叶面的病斑受叶脉限制，呈不规则状。病斑穿透叶片，叶背病斑呈黑褐色，叶面暗褐至灰褐色，发生较严重的叶片上会产生轮纹状灰斑。发生后期，在叶面病部散生许多小黑点。严重时造成叶片干枯、早落，影响正常产量。

2. **传播途径**　病菌在病残体上越冬，在春芽萌发展叶后，随风雨传播到嫩叶背面进行潜伏侵染，在叶片坏死病斑上，进行再次侵染。

5～6月，病菌开始入侵。到7～8月份叶部症状明显，开始是小病斑，后逐步扩大，叶片后期干枯，大量落叶。到8月下旬开始大量落果。10月下旬至11月开始进入越冬期。被侵染的叶片，抗性减弱，该病原常发生再侵染，所以有时在同一叶片上出现两种病征。

3. **防治措施**

（1）农业防治。加强果园管理，合理施肥灌水，增强树势，提高树体抗病力；科学修剪，剪除病残枝及茂密枝，调节通风透光，保持果园适当的温湿度；冬季彻底清园，将地面落叶和枝条清扫干净，集中烧毁；结合施肥，进行果园翻土，大概10厘米以下，减少初侵染菌源；选择较抗病品种，"贵长"品种相对较抗病。

（2）化学防治。翻土后喷5～6波美度石硫合剂于枝蔓。5月是最佳保护预防期，开花前后各喷1次药会减少初侵染。7～8月，用代森锰锌1 000倍液、甲基硫菌灵800倍液进行树冠喷雾，进行2～3次即可。

（八）猕猴桃煤烟病

猕猴桃煤烟病，在花木上发生普遍，影响光合作用、降低观赏价值和经济价值，甚至引起死亡。

1. **症状识别**　在叶面、枝梢上形成黑色小霉斑，后扩大连片，使整个叶面、嫩梢上布满黑霉层。由于煤烟病病菌种类很多，同一植物上可染上多种病菌，其症状上也略有差异。呈黑色霉层或黑色煤粉层是该病的重要特征。

2.**传播途径** 病菌在病部及病落叶上越冬，翌年孢子由风雨、昆虫等传播。寄生到蚜虫、介壳虫等昆虫的分泌物及排泄物上，或植物自身分泌物上，或寄生在寄主上发育。高温多湿，通风不良，蚜虫、介壳虫等害虫发生多且分泌蜜露，均加重发病。

3.**防治措施**

（1）农业防治。植株种植不要过密，适当修剪，温室要通风透光良好，以降低湿度，切忌环境湿闷。

（2）化学防治。植物休眠期喷施3～5波美度的石硫合剂，消灭越冬病源；该病发生与分泌蜜露的昆虫关系密切，喷药防治蚜虫、介壳虫等是减少发病的主要措施，防治介壳虫还可用松脂合剂10～20倍液、石油乳剂等；在喷洒杀虫剂时加入紫药水10 000倍液防效较好；对于寄生菌引起的煤烟病，可喷用代森铵。

（九）猕猴桃花腐病

主要危害猕猴桃的花蕾、花，其次为害幼果和叶片，引起大量落花、落果，还可造成小果和畸形果，严重影响猕猴桃的产量和品质。

1.**症状识别** 受害严重的猕猴桃植株，花蕾不能膨大，花萼变褐，花蕾脱落，花丝变褐腐烂；中度受害植株，花能开放，花瓣呈橙黄色，雄蕊变黑褐色腐烂，雌蕊部分变褐，柱头变黑，阴雨天子房也受感染，有的雌花虽然能授粉受精，但雌蕊基部不膨大，果实不正常，种子少或无种子，受害果大多在花后一周内脱落；轻度受害植株，果实子房膨大，形成畸形果或果实心柱变成褐色，果顶部变褐腐烂，导致套袋后才脱落。受花腐病危害的树挂果少、果小，造成果实空心或果心褐色坏死脱落，不能正常后熟。

2.**防治措施**

（1）农业防治。加强果园土肥管理，提高树体的抗病能力，秋冬季深翻扩穴，增施大量的腐熟有机肥，保持土壤疏松，春季以速效氮肥为主，配合速效磷钾肥和微量元素肥施用，夏季以速效磷钾肥为主，适量配合速效氮肥和微量元素肥；适时中耕除草，改善园地环境，特别在平坝区5～9月要保持排水沟渠畅通，降低园地湿度；及时将病花、病果捡出果园处理，减少病源数量。

（2）化学防治。冬季用5波美度石硫合剂对全园进行彻底喷雾，在猕猴桃芽萌动期用3～5波美度石硫合剂全园喷雾，展叶期用65%的代森锌可湿性粉剂500倍液或50%退菌特可湿性粉剂800倍液或0.3波美度的石硫合剂喷洒全树，每10～15天喷一次。特别是在猕猴桃开花初期要重防一次。

（十）猕猴桃果实熟腐病

1. **症状识别**　在收获的果实一侧出现类似大拇指压痕斑，微微凹陷，褐色，酒窝状，直径大约5毫米，其表皮并不破，剥开皮层显出微淡黄色的果肉，病斑边缘呈暗绿色或水渍状，中间常有乳白色的锥形腐烂，数天内可扩展至果肉中间乃至整个果实腐烂。

2. **传播途径**　该病菌靠风、雨、气流传播，从修剪造成的枝条伤口感染。

3. **防治措施**

（1）农业防治。谢花后1周开始幼果套袋，避免侵染；清除修剪下来的枝条和枯枝落叶，集中烧毁，减少病菌寄生场所。

（2）化学防治。从谢花后两周至果实膨大期（5～8月）向树冠喷布50%多菌灵可湿性粉剂800倍液或波尔多液（1∶0.5∶200），或80%甲基硫菌灵可湿性粉剂1 000倍液，喷洒2～3次，喷药期间隔20天左右。

（十一）猕猴桃蒂腐病

1. **症状识别**　受害果起初在果蒂处出现水渍状病斑，以后病斑均匀向下扩展，果肉由果蒂处向下腐烂，蔓延全果，略有透明感，有酒味，病部果皮上长出一层不均匀的绒毛状灰白霉菌，后

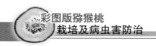
变为灰色。

2.传播途径　病菌以分生孢子在病部越冬，通过气流传播。

3.防治措施

（1）农业防治。搞好冬季清园工作；及时摘除病花，集中烧毁。

（2）化学防治。开花后期和采收前各喷1次杀菌剂，如倍量式波尔多液或65%代森锌可湿性粉剂500倍液；采前用药应尽量使药液喷洒到果蒂处，采后24小时内用药剂处理伤口和全果，如用50%多菌灵可湿性粉剂1 000倍液加2,4-D 100～200毫克/千克浸果1分钟。

（十二）猕猴桃秃斑病

1.症状识别　秃斑表面若是由外果肉表层细胞愈合形成，比较粗糙，常伴之有龟裂缝；若是由果实表层细胞脱落后留下的内果皮愈合，则秃斑光滑。湿度大时，在病斑上疏生黑色的粒状小点，即病原分生孢子盘。病果不脱落，不易腐烂。

2.传播途径　病菌先侵染其他寄主后，随风雨吹溅分生孢子萌发侵染。

3.防治措施

（1）农业防治。加强果园管理，增施钾肥，避免偏施氮肥，增强抗病力。

（2）化学防治。发病初期喷施27%碱式硫酸铜悬浮剂600倍液或50%氯溴异清尿酸水溶性粉剂1 000倍液、50%咪鲜胺可湿性粉剂900倍液、75%百菌清可湿性粉剂600倍液。

（十三）猕猴桃褐腐病

1.症状识别　受病菌感染的雌花和雄花都会变成褐色枯萎状，常萎蔫下垂，难以开放。发病花器的病残组织与果实接触后可使果实感染病菌，果实受害后，果面形成下陷褐色病斑，上面覆盖白色菌丝体。

2. **传播途径**　多雨潮湿，温度较低时，有利于菌核萌发和子囊孢子的形成。土壤黏重的地方，发病也较重。

3. **发生规律**　大量的菌丝体在受害部位变成黑硬的菌核，菌核落到果园后，病菌继续蔓延，在果园中传播。

4. **防治措施**

（1）农业防治。加强果园土肥水管理，及时清除树盘周围枯枝落叶并集中烧毁。

（2）化学防治。菌核萌发期、落瓣后及采收前应喷洒0.5波美度的石硫合剂或800倍液甲基硫菌灵。展叶前后喷施50%代森锌可湿性粉剂500倍液。

（十四）猕猴桃疮痂病

猕猴桃疮痂病又称果实壳针孢病，是猕猴桃的主要病害之一。

1. **症状识别**　为害果实，多在果肩或朝上果面上发生，病斑近圆形，红褐色，较小，突起呈疱疹状，果实上许多病斑连成一片，表面粗糙，似疮痂状。病斑仅发生在表皮组织，不深入果肉，因此，危害较小，但降低商品价值。多在果实生长后期发生。

2. **传播途径**　以菌丝体和分生孢子器随病残体遗落土中越冬或越夏，并以分生孢子进行初侵染和再侵染，借雨水溅射传播蔓延。

3. **发生规律**　通常温暖高湿的天气有利发病。

4. **防治措施**

（1）农业防治。及时收集病残物烧毁。

（2）化学防治。结合防治其他叶斑病喷施75%百菌清可湿性粉剂1 000倍液加70%甲基硫菌灵可湿性粉剂1 000倍液，或75%百菌清可湿性粉剂1 000倍液加70%代森锰锌可湿性粉剂1 000倍液，每隔10天左右喷施一次，连续喷施2～3次。

（十五）猕猴桃膏药病

1. **症状识别**　多与枝干粗皮、裂口、藤肿等症状相伴生，如膏药一样贴在枝干上。病菌表面较光滑，初期呈白色，扩展后为白色或灰色，病菌衰老时通常在枝干部发生龟裂，容易剥离，受害严重的造成树体早衰，枝条干枯。

2．**发生规律**　在患病枝干越冬，翌年春夏之交，在高温多湿条件下形成子实体。

本病多出现于土壤速效硼含量偏低的猕猴桃植株及含硼较低（10毫克/千克以下）的两年生以上的老枝上。本病的发生是土壤和树体缺硼的生理性原因，和弱寄生菌侵染共同作用的结果。

3．**防治措施**　土壤施硼（萌芽至抽梢期根际土壤每平方米1克硼砂）和树冠喷硼，以0.2%硼砂液治粗皮、裂皮、藤肿和流胶等现象，减少弱寄生菌侵染的场所。用小刀刮除菌膜，涂抹3波美度石硫合剂或涂三灵膏（凡士林50克，多菌灵2.5克，赤霉素0.05克调匀）。

（十六）猕猴桃枝枯病

1．**症状识别**　主要在树冠外围结果枝出现枝条叶片萎蔫，继而整枝失水枯死，但结果母枝正常。在一个园中，整园或整株发病较少，往往是局部园或一株上局部枝出现枝枯。

2．**发生规律**　一般发生在猕猴桃新梢迅速抽生期，即4～5月春夏交替期。此期北方地区在春旱情况下，往往是干热风盛行期，给猕猴桃这种阔叶果树带来一定影响。一般在春季持续性干旱时易诱发此病。发生的两个条件：一是春旱，二是强风。在春旱情况下，若出现6级以上强风，持续5小时以上，猕猴桃树即可发病。4年以上未遮阴封行的幼龄果树发病较重，因为该树龄的树生长势较强，对水分要求较迫切，而根系分布较浅，吸收功能有限，抗旱性相对较差，一旦强风天气出现，发病严重。南北行果园受害较重，东西行向次之，边围行严重，园内行次之。其原因在于关中地区春夏东西风向居多，不同行向内外树行受风面受风力不一所致。另外，处于风口地区或零散果园受害较重，相对集中连片园或避风园很少发生，此与受风强度直接关联。

3. 防治措施

（1）早摘心。主要针对外围结果枝控制顶端优势，加速枝条木质化，减少迎风面，提高抗风性。

（2）规范绑枝。冬剪后结果母枝必须枝枝绑缚，且排列有序，杜绝交叉、重叠、拥挤，以防结果枝抽生后空间局限，密集生长，遇风移位，增加摩擦，造成伤口，抗风能力下降。

（3）注意灌水。尤其在春旱风害严重情况下，提倡灌水，以减缓强风形成的地面蒸发及叶面蒸腾对树体水分生理平衡的破坏。

（十七）猕猴桃根腐病

1. 症状识别　猕猴桃根腐病为毁灭性真菌病害，能造成根颈部和根系腐烂，严重时整株死亡。初期在根颈部出现暗褐色水渍状病斑，逐渐扩大后产生白色绢丝状菌丝。病部皮层和木质部逐渐腐烂，有酒糟气味，菌丝大量发生后经8～9天形成菌核，似油菜籽大小，淡黄色。下面的根系逐渐变黑腐烂，地上部叶片变黄脱落，树体萎蔫死亡。

2. 发生规律　病菌在根部病组织皮层内越冬或随病残体在土壤中越冬，病菌在土壤病组织中可存活1年以上，病根和土壤中的病菌是第二年的主要侵染源。翌年4月开始发病，高温高湿季节发病，由病残体传播，经接触传染。水过多，果园积水，施肥距主根较近或施肥量大，翻地时造成大的根系损伤，栽植过深，土壤板结，挂果量大，土壤养分不足，栽植时苗木带菌，这些情况都容易引发根腐病。

3. 防治措施

（1）农业防治。实行高垄栽培，合理排水、灌水，保证果园无积水；及时中耕除草，破除土壤板结，增加土壤通气性，促进根系生长；增施有机肥，提高土壤腐殖质含量，促进根系生长；科学施肥，合理耕作，避免肥害和大的根系损伤；控制负载量，增强树势。

（2）植物检疫。把好苗木检疫关。

（3）化学防治。在早春和夏末进行扒土晾根，刮治病部或截除病根，然后使用青枯立克300倍液+海藻生根剂——根基宝300倍液进行灌根，小树1株灌7.5～10千克，大树1株灌15～25千克。叶面喷施沃丰素，每350毫升沃丰素兑水200～250千克，进行叶面喷雾，谢花后连喷2次，果实迅速膨大期7月上中旬喷一次。

（十八）猕猴桃白纹羽病

1. **症状识别**　猕猴桃白纹羽病分布范围广，危害树种很多，是主要根系病害之一。其症状是多从细根开始发病，然后扩展到侧根和主根。病根皮层腐烂，病部表面缠绕有白色或灰白色丝网状物，即根状菌索。后期霉烂根皮层变硬如鞘。有时在病根木质部生有黑色圆形菌核。根际地面有菌丝膜，其上有时有小黑点即病菌的子囊壳。当病部根皮全部腐烂后，在坏死的木质部上形成大量的白色或灰白色放射状菌索。受害植株生长势逐渐衰弱，直至最后死亡。

2. **发生规律**　病菌以菌丝体、根状菌索和菌核随病根在土壤中越冬。温湿度适宜时，菌核或菌索长出新的菌丝，首先侵害新根的幼嫩组织，使幼根腐烂，然后逐渐蔓延到大根。病菌接触传染。

3. **防治措施**

（1）农业防治。加强果园肥水管理，增强树势，提高树体抗病性。

（2）化学防治。栽植前，红心猕猴桃苗木用10%硫酸铜溶液，或20%石灰水，或70%甲基硫菌灵可湿性粉剂500倍液浸泡1小时进行消毒；根际泼施20%噻菌酮悬浮剂300倍液，或20%三唑酮乳油6 000倍液，或50%多菌灵可湿性粉剂800～1 000倍液，或70%甲基硫菌灵可湿性粉剂1 000～1 200倍液；挖除病株，烧毁病根，并对所挖坑穴用上述药液消毒。

（十九）猕猴桃疫霉病

1.**症状识别**　先危害根的外部，受害根皮层呈褐色腐烂状，病部不断扩展，最后整个根颈部环割腐烂，有酒糟味，从而导致整株死亡。树体发病后使萌芽期推迟、叶片枯萎、叶面积小、枝条干枯，危害严重时因影响水分和养分的运输而使植株死亡。

2.**发生规律**　在排水不良的果园以及多雨季节，病菌通过猕猴桃根颈伤口侵染皮层而引起根腐。春天或夏天，根部在土壤中被侵染。10天左右菌丝体大量发生，然后形成黄褐色菌核，7～9月严重发病，10月以后停止蔓延。

3.**防治措施**

（1）农业防治。选择排水良好的土壤建园。防止植株创伤。

（2）化学防治。当植株感病时，在3月或5月中下旬用2 500毫克/升的代森锌或100～200毫克/升的瑞毒霉或1：2：200的波尔多液灌根部；挖出病部，刮除病部腐烂组织，并用0.1%升汞溶液消毒，后涂上波尔多液或石硫合剂原液，两个星期后再更换新土覆盖。

（二十）猕猴桃根结线虫病

1.**症状识别**　在植株受害嫩根上产生细小肿胀或小瘤，数次感染则变成大瘤。瘤初期白色，后变为浅褐色，再变为深褐色，最后变成黑褐色。受根结线虫为害的植株根系发育不良，大量嫩根枯死，细根呈丛状，根发枝少，且生长短小，对幼树影响较大。

2.**防治措施**

（1）农业防治。猕猴桃定植地及苗圃地不要利用原来种过葡萄、棉花、番茄及其他果树的苗圃地，最好采用水旱轮作地作苗圃地和定植地，此法对防治根结线虫病效果很好。此外要重视植株的整形修剪，合理密植，改善园内通风透光条件；多施农家肥，改良土壤，提高土壤的通透性；在果园中最好套种些能抑制根结线虫的植物，如猪屎豆、苦皮藤、万寿菊等，这些植物对根结线虫有一定的抑制作用，一经发现病苗及重病树要挖出烧毁；引进种要严格检疫，发病轻的，可剪去带瘤的根并烧毁，植株的根在44～46℃的温水中浸泡5分钟。

（2）化学防治。患病轻的种苗可先剪去发病的根，然后将根部浸泡在1%的异丙三唑硫磷、克线丹等农药中1小时。对可疑有根结线虫的园地，定植前每667米² 用10%克线丹3～5千克进行沟施，然后翻入土中。猕猴桃园中发现轻病株可在病树冠下5～10厘米的土层撒施10%克线丹（每667米² 撒入3～5千克），施药后要浇水。苗圃地发现病株，可用1.8%阿维菌素乳油，每667米² 用680克兑水200升，浇施于耕作层（深15～20厘米），效果好，且无残毒遗留，对人畜安全。用3%米尔乐颗粒剂撒施、沟施或穴施，每667米² 用6～7千克，药效期长达2～3个月。

（二十一）猕猴桃立枯病

1. **症状识别**　该病主要发生在幼苗期，往往在幼苗出现2～3片真叶、根颈基部尚未木质化之前发病。苗茎部先出现浸渍状病斑。

病苗多从上土表侵入幼苗的茎基部，发病时，先变成褐色，后成暗褐色，受害严重时，韧皮部被破坏，根部成黑褐色腐烂。此时，病株叶片发黄，植株萎蔫，枯死，但不倒伏。此病菌也可侵染幼株近地面的潮湿叶片，引起叶枯，边缘产生不规则、水渍状、黄褐色至黑褐色大斑，很快波及全叶和叶柄，造成死腐，病部有时可见褐色菌丝体和附着的小菌核。

2. **传播途径**　病菌在残留的病株上或土壤中越冬或长期生存。带菌土壤是主要侵染来源，病株残体、肥料也有传病可能，还可通过流水、农具、人畜等传播。

3. **发生规律**　菌丝呈蛛网状，围绕寄生的组织。土温在13～26℃都能发病，以20～24℃为适宜。对土壤pH适应范围广，pH2.6～6.9都能发病。天气潮湿适于病害的大发生，反之，天气干燥病害则不发展。多年连作地发病常较重。

4.防治措施

（1）农业防治。严格控制苗床及扦插床的浇灌水量，注意及时排水；注意通风；晴天要遮阴，以防土温过高，灼伤苗木，造成伤口，使病菌易于侵染；注意果园清洁卫生，及时处理病株残体，不使用带病菌的腐熟肥料；发现病株及时拔除并烧毁。

（2）化学防治。对被污染的苗床，如继续用于扦插育苗，或用于扦插的其他土壤，在扦插前，可用甲醛进行土壤消毒，每平方米用甲醛50毫升，加水8～12千克浇灌于土壤中，浇灌后隔1周以上方可用于播种栽苗，或用70%五氯硝基苯粉剂与65%代森锌可湿性粉剂等量混合，处理土壤，每平方米用混合粉剂8～10克，撒施土中，并与土拌和均匀；可喷洒75%百菌清可湿性粉剂800～1 000倍液，或50%福美双可湿性粉500倍液，或75%氯硝基苯600倍液，或65%代森锌可湿性粉剂600倍液，或72.2%霜霉威盐酸盐水剂400倍液，或15%恶霉灵（土菌消）水剂450倍液，每平方米用药液3升。

（二十二）猕猴桃日灼病

1.发病症状　果实上有明显的日晒伤痕。

2.防治措施

（1）夏季修剪在最顶果多留2～3片叶，可以遮挡直射太阳光。

（2）有条件的早晚隔几天喷一次水，也可配成果友氨基酸400倍液，既可降低果园温度，又可快速供给营养。

（3）果园覆盖，可用麦糠或麦草覆盖，如眉县张江成果园直接覆盖行间，减少土壤水分蒸发。

（4）套袋果打开通气孔，通气孔小时可略剪大，利用通气，降低袋内温度，一般可降低1～2℃。

（5）未施膨大肥的猕猴桃园，要增施钾肥或喷施乳酸钙叶面肥，钙能使果实外表皮细胞增强韧性和细胞壁厚度，以抵抗日灼。

（6）西照果实，在果实上主或西照处挂草或用报纸遮阴，减少西照的果实直接烧伤。

(7) 干旱时应及时灌水,降低整体果园温度,减少日灼病发生。

三、软体动物防治

为害猕猴桃的软体动物主要包括蜗牛和蛞蝓两类(图2-33)。以取食猕猴桃幼嫩部分为主,如嫩叶、嫩梢、果实等。在阴蔽潮湿的园区或多雨季节容易受到为害。主要的防治方法如下:

图2-33 蛞 蝓

1.**农业防治** 利用地膜覆盖栽培,清洁田园,蔬菜收获后,及时铲除田间、沟边杂草,开沟降湿,中耕翻土,以恶化蜗牛生长、繁殖的环境,秋冬翻地,可明显减轻危害;人工拾蜗,田间作业时见蜗拾蜗,以草、菜诱集后拾除,或未喷施农药时可放养鸡,这样可以起到事半功倍的防治效果。

2.**化学防治** 可用6%四聚乙醛颗粒剂,雨后傍晚或日落到天黑前每亩500～650克将药剂均匀撒施在作物根际周围进行诱杀，防治效果较为明显。

四、缺素症

在生产中，由于土质和管理不善等原因，猕猴桃树常常出现缺素症状（表2-2），影响产品的产量和质量，进而影响经济效益。

猕猴桃缺素症时有发生，只要防治得当，就可避免危害。但要从根本上解决问题，还须做好以下几点：

（1）改良土壤结构。果园种草、覆草，既可增加有机质含量，又能保证土壤中水分相对稳定均衡，防止板结，通透性好，还能降低果园土壤盐碱度。

（2）改变施肥习惯。增施有机肥，少施化肥，提高土壤有机质含量，提高微量元素的可吸收利用率。

（3）及早预防。果树缺素症一般在萌芽初期就开始表现，要及早预防。

表2-2　猕猴桃缺素症状及防治措施

缺素种类	缺素症状	防治措施
氮（N）	症状首先在老叶上产生，进而扩展到上部幼嫩叶上。叶片颜色逐渐变为浅绿色，甚至完全变黄，后期边缘焦枯，果实变小	定植时及每年秋冬季施足基肥。5月底至7月，分2次追施氮肥，每亩追施有效氮65～70千克。生长期叶面喷施0.3%～0.5%尿素溶液2～3次，每次间隔7天
磷（P）	首先从老叶开始出现淡绿色的脉间褪绿，从顶端向叶柄基部扩展。叶片正面逐渐呈紫红色。背面的主、侧脉变红向基部逐渐变深（图2-34）	用过磷酸钙或钙镁磷肥与稀释10～15倍的腐熟有机肥混合作基肥，开沟施入地下；在生长期叶面喷施0.2%～0.3%磷酸二氢钾或1%～3%过磷酸钙水溶液，一般喷施2～3次

（续）

缺素种类	缺素症状	防治措施
钾（K）	初期缺钾，萌芽长势差，叶片小；随着缺钾的加重，叶片边缘向上卷起；后期，叶片从边缘开始褪绿、坏死、焦枯，直至破碎、脱落。缺钾影响果实产量和品质（图2-35）	早期可施用氯化钾补充，每亩用量15～20千克，或施用硝酸钾或硫酸钾，也可叶面喷施0.3%～0.5%硫酸钾，或0.2%～0.3%磷酸二氢钾及10%草木灰浸出液
钙（Ca）	症状多见于刚成熟的叶片上，并逐渐向幼叶扩展。起初，叶基部叶脉颜色暗淡、坏死，逐渐形成坏死斑块，然后质脆、干枯、落叶、枝梢死亡。萌发新芽展开慢，新芽粗糙（图2-36）	增施有机肥，改良土壤，早春注意浇水，雨季及时排水，适时适量施用氮肥，促进植株对钙的吸收。也可在生长季节叶面喷施0.3%～0.5%硝酸钙溶液，每隔15天左右喷施一次，连喷3～4次，最后一次应在采果前21天为宜
镁（Mg）	缺镁一般在植株生长中期出现，先在老叶的叶脉间出现浅黄色失绿症状，失绿症状常起自叶缘并向叶脉扩展，趋向中脉。随缺镁程度的进一步扩展，褪绿部分枯萎。幼叶不出现症状（图2-37）	轻度缺镁园，可在6～7月叶面喷施1%～2%硫酸镁溶液2～3次。缺镁较重的园可把硫酸镁混入有机肥中施基肥时进行根施，每亩施硫酸镁1～1.5千克
铁（Fe）	首先为幼叶叶脉间失绿，逐渐变成浅黄色和黄白色。严重时，整个叶片、新梢和老叶的叶缘失绿，叶片变薄，容易脱落。植株显得矮小（图2-38）	对于酸碱值过高的果园，可施硫酸亚铁、硫黄粉、硫酸铝或硫酸铵以降低土壤酸碱度，提高有效铁浓度。对于雨后出现缺铁，可采取叶面喷施0.5%硫酸亚铁溶液或0.5%尿素+0.3%硫酸亚铁，每隔7～10天喷一次，连喷2～3次，效果显著

（续）

缺素种类	缺素症状	防治措施
硼(B)	首先在嫩叶近中心处产生小而不规则的黄斑，进而扩张，在中脉两侧形成大面积的黄斑。有时会使未成熟的幼叶加厚，畸形扭曲，严重时节间伸长生长受阻，植株矮化	采取0.1%～0.2%硼砂或硼酸水溶液叶面喷施效果较好(猕猴桃对硼特别敏感，故喷施硼时应特别小心，喷施浓度一般不要超过0.3%，以免造成硼毒害)。轻沙壤土与有机质含量低的土壤，一般也易出现缺硼症，这类土壤以硼肥做基肥施入地下效果更佳
锌(Zn)	新梢出现"小叶症"(图2-39)。老叶上有鲜黄色的脉间褪绿，叶缘更为明显，而叶脉仍保持深绿色，不产生坏死斑	结合施基肥，每株结果树混合施硫酸锌0.5～1千克。也可于盛花后3周采用0.2%硫酸锌与0.3%～0.5%尿素混合喷施叶面，每隔7～10天喷一次，共喷2～3次
锰(Mn)	缺锰症状一般从新叶开始，出现淡绿色至黄色的脉间褪绿。褪绿先从叶缘开始，然后在主脉间扩展并向中脉推进，在脉的两侧留一窄带状绿色部分。当缺锰进一步加重时，除叶脉外，整个叶内都变黄	结合有机肥分期施入氧化锰、氯化锰和硫酸锰等，一般每亩施氧化锰0.5～1.0千克，氯化锰或硫酸锰2～5千克；叶面喷施0.1%～0.2%硫酸锰，每隔5～7天喷一次，共喷2～3次，喷施时可加入半量或等量的石灰，以免发生肥害。土壤pH过高引起的缺锰症，可施硫黄粉、硫酸钙和硫酸铵等化合物，以降低土壤酸碱度，提高锰的有效性
氯(Cl)	开始在老叶顶端、主脉和侧脉间分散出现片状失绿，从叶缘向主、侧脉扩展，有时叶缘呈连续带状失绿，并常向下反卷呈杯状。幼叶变小，但并不焦枯，根系生长受阻，离根端2～3厘米处组织肿大，常被误认为是根结线虫囊肿(图2-40)	可在盛果期果园施氯化钾，每亩施10～15千克，分2次施入，间隔20～30天

（续）

缺素种类	缺素症状	防治措施
硫(S)	生长缓慢，嫩叶叶片呈浅绿色至黄色。与缺氮不同的是，缺硫严重时叶脉也失绿，但不焦枯	施硫酸铵、硫酸钾等肥料，每亩施入15～20千克即可，于生长季一次施入，或间隔1个月分2次施入
铜(Cu)	最初表现是在幼嫩未成熟的叶片上呈均匀一致的淡绿色，随后脉间失绿加重，最终呈白色，生长受阻。严重缺铜时，生长点死亡变黑，叶早落，萌芽率低	土壤中以每株成龄树施入46%硫酸铜0.1千克，萌芽前施入。也可结合防病叶面喷施波尔多液即可缓解症状（避免叶面喷施硫酸铜）
钼(Mo)	缺钼可引起树体矮化，果实变小，果味变苦，叶表面缺乏光泽、变脆，初期散生点状黄斑，逐渐发展成外围有黄色圈的褐色斑，可穿孔	在缺钼时可叶面喷施0.1%～0.3%钼酸钾，效果较好

图2-34　缺　磷

图 2-35 缺 钾

图 2-36 缺 钙

图 2-37 缺 镁

图 2-38 缺 铁

图2-40 缺 氯

图2-39 缺 锌

五、药害

目前已知猕猴桃对乐果、氧化乐果、杀螟硫磷、代森锰锌、甲基硫菌灵、草甘膦、西马津、特克丁、2,4-D等多种药剂十分敏感，应慎用或禁用。

（1）乐果在猕猴桃上最好禁用，尤其是早期喷布，致使幼叶不能正常伸展而致畸，枝梢不能正常生长，幼蕾脱落，萌芽率降低，生长严重受阻，造成减产。同时，由于叶片明显变小且畸形，光合功能严重受阻，根系得不到充足的光合产物而"饥饿"致死。

（2）草甘膦伤害幼嫩的猕猴桃树，导致叶片过度伸长和畸形，脉间组织向上隆起，有时受害叶褪绿。成年树耐药性大得多，受害症状首先在嫩叶上出现，呈亮黄色褪绿，褪绿从叶缘开始，扩展于叶脉间并向主脉扩展，在主脉两侧保留健康的绿色组织。

（3）2,4-D伤害可引起猕猴桃叶片畸形，叶缘上卷或下卷成碟状，对叶片大小有明显影响，常引起主脉间组织向上隆起。受害叶不褪绿。秋季受2,4-D药害的植株，在下一个季节产生畸形的叶片和果实。畸形果的特征为向脐部方向尖削、脐部凹陷、里面出现轻微的纵向凸纹。

猕猴桃对药剂反映很敏感，在用药之前，一定要先做试验。

六、杂草

　　猕猴桃园常见杂草有39种，分属20科，其中单子叶杂草有禾本科、莎草科杂草，双子叶杂草有十字花科、菊科、唇形科、藜科、玄参科、石竹科、大戟科、旋花科、蓼科、苋科、马齿苋科、茜草科、酢浆草科、柳叶菜科、豆科、天南星科等杂草。防治方法有以下几个方面：

　　1.加强检疫　　防止危险性杂草随着引进苗木时带入果园，如水花生等。

　　2.农业防治　　加强深翻耕除草；施用充分腐熟的农家肥；加强田间管理，清除地头、沟渠边杂草。

　　3.物理防治　　采用人工除草和种草结合的方法，株间和树盘内要定期进行人工除草、松土，同时在果园行间种植三叶草、毛苕子等豆科植物或用20厘米左右的秸秆进行覆盖，既能压低杂草数量，抑制生长，还能培肥地力，保护土壤，提高猕猴桃的产量和品质。

　　4.化学防治　　可选用灭生性药剂如草甘膦、百草枯等进行除草。猕猴桃园使用除草剂应在晴朗无风的天气进行，以免除草剂飘移到树冠造成药害。

第三章
猕猴桃保鲜技术

猕猴桃果实的商品化处理有一系列的处理措施，其流程如图3-1。

选择适宜采收期→无伤采果←采前准备
↓
弃去腐烂果←果园初选←次果处理
↓
装箱→运至加工厂
↓
减震运输
↓
气调贮藏
↓
精细管理
↓
出库、分级、包装
↓
低温减震运输
↓
销售

图3-1　猕猴桃果实的商品化处理流程

一、果实包装处理

合理的包装是果实商品化、标准化、安全运输和贮藏的重要措施。科学的包装可减少果实在搬运、装卸过程中造成的机械损伤，使果实安全运输到目的地。同时，还可减少果实腐烂程度，延长贮藏寿命。因此，合理的包装处理在果实贮运中起着重要的作用。

包装材料质地要坚固、轻便，容器大小、重量要适合，便于运输和堆码；容器内部要光滑，以避免刺破内包装和果品；容器不要过于密封，应使内部果品与外界有一定的气体和热量交换。包装容器要美观、方便，对顾客有一定吸引力。

目前我国生产上一般采用硬纸盒、硬纸箱包装（图3-2），也有用木条箱和塑料箱等。在箱底铺垫柔软的纸张或辅以PE、PVC塑料保鲜膜贮藏（图3-3）。国家农产品保鲜工程技术研究中心（天津）研制生产的PE、PVC防结露保鲜膜，具有良好的透气性、透湿性，对猕猴桃的贮藏保鲜作用效果良好。

图3-2　猕猴桃包装纸箱

图3-3　猕猴桃常用的保鲜膜

二、果实运输

果实收获后，除极少数就地供应销售外，大量的需要转运至贮藏库、加工厂、人口集中的城市、工矿区及集市贸易中心进行贮藏、加工和销售。运输的基本要求如下：

1. **快装快运** 果实采摘后应及时装运，尽量缩短产品在产地和运输途中的滞留时间。

2. **轻装轻卸** 猕猴桃含水量高、组织脆嫩、遭受损伤易腐烂，在装卸过程中要加强管理，严格要求，必须做到轻装轻卸，精细操作，确保果实完好无损。

3. **防热防冻** 保鲜贮运的适宜温度为 0 ～ 2℃，冰点在 -2℃ 左右。

三、果实贮藏保鲜技术

研究表明，猕猴桃果实品种之间耐贮性差异很大。耐贮性好的品种一般可以贮藏 4 ～ 5 个月，最长可达半年以上。

猕猴桃贮藏的适宜温度 0 ～ 1℃，相对湿度 90% ～ 95%，气调时氧含量为 2% ～ 4%、二氧化碳含量为 5%。

1. **常温贮藏** 将充分冷却的鲜果装入垫入有 0.03 毫米聚乙烯塑料袋的果箱中，每袋内放猕猴桃保鲜剂一包（图 3-4）或放入一些用饱和高锰酸钾（图 3-5）溶液浸泡过的碎砖块，用橡皮筋扎紧袋口，放于阴凉的房间或地下，每隔半个月检查一次。适用于冷凉地区少量存放。

塑料袋一般采用 50 厘米 × 35 厘米 × 15 厘米规格，每袋装 2.5 千克为宜。为防止猕猴桃发酵变质，用抗氧化剂 0.2% 赤藻糖酸钠溶液浸果 3 ～ 5 分钟，晾干后装在聚乙烯袋内，可提高贮藏效果。

图3-5 高锰酸钾

图3-4 保鲜剂

2.沙藏 适用于个体经营者短期贮藏，是一种简单易行的贮藏方法。

选择阴凉、地势平坦处，铺15厘米厚的干净细沙，然后一层猕猴桃一层沙子排放。一层沙子的厚度约5厘米，果与果之间约有1厘米间隙，厚度1.2～1.5厘米，外盖10～20厘米湿沙，以保温保湿。沙子湿度要求以手握成团，手松微散为宜。此法可使猕猴桃放置2个月左右。

应注意的是，10天左右检查一次果品质量，及时剔除次果、坏果，以免相互感染，使病情蔓延。检查时间以气温较低的清晨为好。

3.松针沙藏 将采收的果实放在冷凉处过夜降温，然后把果实放入铺有松针和湿沙的木箱或筐中，一层果实一层松针和沙，放在阴凉通风处（图3-6）。

4.土窑贮藏技术 是一种结构简单、建造方便的节能贮藏设施，但是无法精确控制温度。

图3-6 松针保鲜

选择地势高，地下水位低，土质坚实、干燥的地方建窑，窑门最面向北或西北方向。窑门宽1.2～1.5米，高2～2.5米（图3-7）。

图3-7　建设中的土窑

每次贮藏前和结束后，对窑洞进行彻底清扫、通风，把使用器具搬到洞外晾晒消毒。一般可采用硫黄燃烧熏蒸，用量为5～10克／米^2，药剂在库内要分点施放或者按每100米^{3}容积用1%～2%甲醛3千克或漂白粉溶液对库内地面和墙壁进行均匀喷洒消毒。

消毒时，将贮藏所用的包装容器、材料等一并放入库内，密闭1～2天，然后开启门窗通风1～3天，之后方可入贮猕猴桃。

5.通风库贮藏　通风库是在良好的绝热建筑和灵活的通风设备的情况下，利用库内外温度的差异，以通风换气的方式来保持库内低温的一种场所。

选在交通方便、接近产地或销售的地方。库房宽度7～10米，长度不限，高度3.5～4.5米。库顶有抽风道，屋檐有通风窗，地下有进风道，构成循环系统（图3-8）。

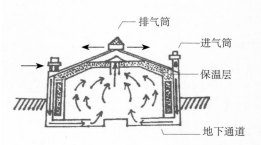

图3-8　通风库剖面图

　　果实入库前2～3周，库房用硫黄熏蒸消毒。采用堆贮和架贮两种形式。

　　入库后1～2周以降温排湿为主，除雨、雾天外，打开所有通风窗，加强通风，温度控制在10℃以下，相对湿度85%～90%。

　　贮藏后期的库房管理主要是降温，夜间开窗通风，日出前关上门窗和通风窗，以阻止外部热空气进入。

　　6. 保鲜剂贮藏　可使用SM-8保鲜剂，防止果实腐烂、失水和软化，保鲜效果良好。

　　果实采收后立即用SM-8保鲜剂8倍稀释液浸果，晾干后装筐，每筐净重12.5千克左右，码放存贮于通风库中，晚上打开进气扇和排风扇通风排气，将库温控制在16.2～20℃，相对湿度在78%～95%。贮藏前期和后期库温较高时，每隔8小时开紫外灯30分钟，利用产生的臭氧清除乙烯，同时臭氧也具有强烈的灭菌作用。经过SM-8保鲜剂处理过的果实可贮藏160天，好果率达90%，果肉仍保持鲜绿，而且色、香、味俱佳。

　　7. 冷库贮藏　是目前果蔬贮藏的一种较好的贮藏方式（图3-9）。

　　（1）**果品处理**。作为存贮果品的采收指标一般以果肉的可溶性固形物含量6.5%～8.0%时采果较为适宜，过早或过晚采收都对贮藏不利。

图3-9　冷库贮藏猕猴桃

采收后应立即进行初选分装，伤残果、畸形果、病虫果和劣质果都不得入库贮藏。从采收到入库降温一般不超过48小时。

　　（2）**库温控制**。最适贮藏温度一般在0℃左右，在果品入库之前库温应稳定控制在0℃左右。一次入库果品不宜过多，一般以库容总量的10%～15%为好，这样不致引起库温明显升高，有利于猕猴桃的长期贮藏。

（3）湿度控制。适合猕猴桃贮藏的相对湿度为90%～98%。

（4）通风换气。冷库内果实通过呼吸作用释放出大量二氧化碳和其他有害气体，如乙烯等，当这些气体积累到一定浓度就会促使果实成熟衰老。因此，必须通风换气，降低气体的催熟作用。一般通风时间应选在早晨，雨天、雾天外界湿度大时，不宜换气。

（5）检测和记录。果实入库后要经常检查果品质量、温度和湿度变化、鼠害情况以及其他异常现象等，并做好记录，出现问题及时处理。

在冷库贮藏的基础上加装1台乙烯脱除器，将库内乙烯浓度降低至阀值（0.02毫克/千克）以下，为低乙烯冷库，可以更好的保持果实外观鲜艳饱满，风味正常。

8.气调贮藏　是在冷藏的基础上，把果蔬放在特殊的密封库房内，同时改变贮藏环境气体成分的一种贮藏方法（图3-10和图3-11）。

图3-10　大型气调保鲜冷库

图3-11　气调设备——二氧化碳脱除机

在贮藏过程中适当降低温度、控制相对湿度、减少氧气含量、提高二氧化碳浓度，可以大幅度降低果实的呼吸强度和自我消耗，抑制催熟激素乙烯的生成，延缓果实的衰老，达到长期保鲜贮藏的目的。目前国际市场上的优质猕猴桃鲜果几乎全都采用了气调保鲜技术。

9.保鲜袋贮藏

（1）硅窗袋贮藏。一般每袋贮果5～10千克，薄膜厚0.03～0.05毫米，比较适合个体户少量贮藏。方法是选择成熟度适中的无伤硬果放入袋内，置于阴凉处、过夜降温后放入少量乙烯吸收剂，扎紧袋口放在低温处贮藏。

（2）塑料薄膜袋。也可选用0.03～0.05毫米厚的聚乙烯薄膜自行加工保鲜袋，方法与硅窗袋相似。

四、猕猴桃贮藏期病害及防治

1.猕猴桃软腐病　发生在果实后熟期。果实内部发生软腐，失去使用价值，常造成很大的经济损失。

（1）症状。果实后熟末期，果皮出现小指头大小的凹陷。剥开凹陷部的表皮，病部中心部呈乳白色，周围呈黄绿色，外围深绿色呈环状，果肉软腐（图3-12）。

（2）防治。彻底清园，缩短后熟期，后熟期温度尽量控制在15℃以下。从5月下旬开花期开始到7月下旬，

图3-12　猕猴桃软腐病

喷施70%甲基硫菌灵可湿性粉剂2 000倍液3～4次，有良好的防治效果，并可兼治灰霉菌引起的花腐病。

2.猕猴桃青霉病　是贮运期常见病害，在0℃时也可出现腐烂。

（1）症状。初期感病果实表面出现水渍状斑，褐色软腐，3天后其上长出白色霉层，随着白色霉层向外扩展，病斑中间生出黑色粉状霉层。

（2）防治。轻拿轻放，减少果面损伤；应用仲丁胺防腐剂，效果较好。

图3-13　采后预冷机

3. 猕猴桃软化　是影响贮藏的主要问题之一，也是引起果实腐烂的因素。其防治方法如下：

（1）采后及时预冷。猕猴桃采后最好能及时预冷（图3-13），预冷分为强风冷却、冰水冷却和真空预冷却等方式。在采后8～12小时内用强制冷却的方式，将果实温度降至0℃，并在包装前维持恒温。运输时应采用机械冷藏车和保温车（图3-14），这是延缓果实软化最有效的方法。

图3-14　冷藏运输车

（2）小包装箱内衬聚乙烯膜袋。经预冷的猕猴桃以小包装的形式（木箱或瓦楞纸箱，箱壁打孔，每箱10～15千克），内衬聚乙烯（0.04～0.07毫米）薄膜或用硅窗气调保鲜袋单层包装，可保持高湿和5%左右二氧化碳浓度，这样有利于快速降温和长期贮藏。

（3）放置乙烯吸收剂。猕猴桃对乙烯极敏感，在乙烯浓度极低（0.2毫克／千克）的情况下，即使在0℃条件下冷藏，也会加快果实软化，促使猕猴桃成熟与衰老。因此，在装有猕猴桃的聚乙烯薄膜袋内加入一定量（0.5% ~ 1%）的乙烯吸收剂，可延缓猕猴桃的衰老。

第四章
猕猴桃加工技术

在猕猴桃食品的加工生产中，使用的食品添加剂较多，主要有甜味剂、酸味剂、着色剂、防腐剂、漂白剂、硬化剂、增稠剂、抗氧化剂和香精香料等。

甜味剂主要有糖精钠、甜叶菊苷、甘草苷、蛋白糖、糖醇类。

酸味剂主要有柠檬酸、抗坏血酸、葡萄糖酸、苹果酸、磷酸、乳酸等。

着色剂主要有苋菜红、胭脂红、柠檬黄、日落黄、靛蓝。

防腐剂主要有苯甲酸及其钠盐、山梨酸及其盐类、二氧化硫。

增稠剂主要有琼脂、海藻酸钠、果胶。

其他添加剂如香精类、酶制剂、抗氧化剂、硬化剂等。

一、猕猴桃果脯加工技术

猕猴桃果脯（图4-1）在制作过程中，技术要求比较高，要根据当地的具体情况采取具体措施，本书介绍的方法可为生产者提供参考。

图4-1　猕猴桃果脯

（一）工艺流程

原料→筛选→预处理→糖制→烘烤→整形→包装。

（二）加工技术

1. **原料的选择**　制作果脯要选择果实硬度大的品种，挑选成熟度在坚熟期的果实采收。筛除小、病、虫、腐烂、生果及过熟果。

2. **预处理**　将选好的果实去皮，去皮的方法一般采用化学去皮法。去皮后，用清水洗净、晾干水分，将块形较大的果实适当进行切块处理。然后将果块放入竹盘内，送入熏硫房中进行熏硫处理。硫黄用量可按果块的0.2%～0.4%考虑，熏硫时间一般在2小时左右。

如无熏硫设备，可把果实浸入0.25%亚硫酸氢钠溶液中浸泡2～4小时。

3. **糖制**　介绍两种主要的糖制方法。

（1）糖渍煮制法。取白砂糖35千克。先将10千克糖15升水溶解，倒入容器中，放入25千克果块。然后将余下的白糖和果块一层糖一层果块的放入容器中。上面多撒些糖把果块盖住，糖渍24小时。然后进行糖煮。

糖煮时可分两次进行。第一次糖煮时，先将经过糖渍的果块捞出，把糖渍液加热至沸腾，然后将果块连糖液一起倒入容器中浸泡24小时。第二次糖煮时，捞出果块，将糖液放入锅中加热，调整糖液浓度至65%～70%，把果块放入，煮沸20～30分钟后，倒入容器中浸泡48小时。出锅时，将其加热80℃，捞出果块，沥干糖液进行烘烤。

(2) 多次煮成法。第一次糖煮时，取水20升，放入锅中加热至80℃，加入白砂糖20千克，同时加入柠檬酸40克，共同煮沸5分钟。取已处理好的果块50千克，投入糖液中，煮沸10～15分钟，然后连同糖液带果块一起放入大缸中浸泡24小时。第二次糖煮时，把缸中的糖液及果块放入锅中，加热至沸后分两次加入白糖共20千克，沸煮至糖液浓度达65%时，加入浓度为65%的冷糖液20千克，立即起锅，放入缸中浸泡24～48小时。出锅时再升温到80℃，将果块捞出沥干糖液，摆盘烘烤。

4. 烘烤

(1) 烘烤温度。糖制好的果块，沥干糖液后，摆入烘烤盘中放到烘烤车上推入烤房，迅速升温到60℃左右，6小时后升温到70℃，烘烤结束前6小时再降温到60℃，一般烘烤20小时左右即可停止。

(2) 通风和排潮。烘烤中间要注意通风排潮。当烘房内先对湿度高于70%时，就应该进行通风排潮。根据经验，当人进入烘房时，如感到空气潮湿闷热、脸部感有潮气、呼吸窘迫时，应进行通风排潮；当烘房内空气干燥、面部不感潮湿、呼吸顺畅时即停止通风，继续烘干。

(3) 倒盘和整形。因烘房内温度不一致，所以在烘烤中，除了注意通风外，还要注意调换烘盘位置及翻动盘内果块，使烘烤均匀。一般在烘烤中前期和中后期进行两次倒盘。

在第二次倒盘时，对产品要进行整形，将其制成扁圆形，然后再送入烘房继续烘烤。当烘烤到产品含水量在18%左右，用手摸产品表面已不黏手时即可出房。

5. **整修与包装** 出烤房的果脯应放于25℃左右的室内回潮24～36小时（图4-2），然后进行检验和整修，去掉果脯上的杂质、斑点及碎渣，挑出煮烂的、干瘪的和色泽不好的等不合格产品另作处理。合格品用无毒玻璃纸包好后装箱入库。

图4-2 猕猴桃果脯加工车间一角

（三）产品质量标准

产品呈乳黄色或橙黄色，鲜艳透明有光泽，色度基本一致。浸糖饱满，块形完整，稍有弹性，无生心、无杂质。在规定的存放条件下和时间内不返糖、不结晶、不流糖、不干瘪。产品用白玻璃纸或聚乙烯塑料纸包好。保持原果味道，甜酸适宜，无异味。总糖含量65%～75%，水分含量16%～18%。符合国家规定的食品卫生标准。

二、猕猴桃果酱加工技术

（一）工艺流程

原料选择→清洗→去皮→打浆→煮酱→装罐密封→杀菌冷却
→检验→贴标→成品。

（二）加工技术

1. **选果**　选用充分成熟的果实为原料，剔除腐烂、发霉，发
酵的不合格果实（图4-3）。

图4-3　果实拣选

2. **清洗去皮**　用流动清水洗净果实表面的泥沙和杂物，晾干
后将果实投入到沸腾碱液中，浸烫1～2分钟去皮，然后用1%盐
酸中和，用清水洗净，去除果毛、果蒂和残留果皮。

3. **打浆**　将果肉放入不锈钢桶内捣碎或用打浆机打浆，打浆
机筛孔直径为0.8～2.0毫米。

4. **煮酱**　取砂糖100千克加水33升，加热至溶解，用4层纱布
过滤，备用。先取糖液总量的1/3与100千克果肉一起倒入不锈钢双
层锅内预煮软化8～10分钟。软化后，再匀2次加入其余的糖液，

继续加热浓缩约20分钟，蒸汽压强为3.5兆帕。浓缩至可溶性固形物达65%，果酱黏稠、有光泽温度上升至104～105℃时，即可关闭蒸汽，出锅。

5. 装罐密封　出料后立即装罐（图4-4），酱体温度在80℃以上，保留顶隙3毫米左右，迅速密封，装罐与密封应在30分钟内完成。

6. 杀菌冷却　密封后立即放在70℃热水中，加温5分钟，100℃条件下杀菌15～20分钟，然后分段冷却至40℃，擦干净入库。

图4-4　猕猴桃果酱

（三）产品质量标准

酱体呈黄绿色或琥珀色，光泽均匀一致；具有猕猴桃独有的风味，无焦煳等异味；酱体呈胶黏状，置于水面上允许徐徐流散，不分泌汁液。可溶性固形物（以折光计）不低于65%，糖量（以转化糖计）不低于57%。符合国家规定的食品卫生标准。

三、猕猴桃果汁饮品加工技术

猕猴桃果汁饮品（图4-5）有澄清型果汁、浑浊型果汁、浓缩型果汁、乳饮料等。果汁的生产工艺流程见图4-6，本书主要介绍浑浊型果汁和浓缩型果汁的加工技术。

图4-5　猕猴桃果汁饮品

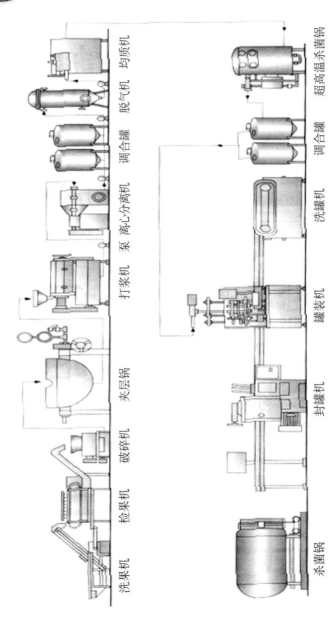

洗果机　检果机　破碎机　夹层锅　打浆机　泵　离心分离机　调合罐　脱气机　均质机

杀菌锅　封罐机　罐装机　洗罐机　调合罐　超高温杀菌锅

图4-6　果汁加工工艺流程图

（一）浑浊果汁

1. **工艺流程**　精选→洗果→打浆→灭酶→调配→均质→脱气→灌装→杀菌→冷却→装箱→入库。

2. **生产技术要点**

（1）主要原料和辅料。猕猴桃果肉35%，蔗糖酯（HLB9）15%，琼脂0.1%，白糖2%，羧甲基纤维素钠0.05%，蛋白糖0.06%。

（2）原料处理。使用果肉开始变软的正常猕猴桃，生产中采摘的果品可以用乙烯催熟或者堆放5～6天。洗果时注意把果皮茸毛洗净，尤其注意蒂部及顶部。

（3）打浆处理。生产上一般采用三道打浆机，可以去皮去籽。打浆机网孔一定要适宜，谨防种子混入果肉中，影响饮料色泽及口感。

（4）灭酶。采用片式热交换器迅速升温至85～90℃，保持5分钟。

（5）调配。琼脂及羧甲基纤维素钠预先用冷水浸泡4小时使其吸水膨胀，然后加热溶解，将所有的辅料按一定比例加入果浆中混匀。

（6）均质、脱气。在真空脱气机内，在20兆帕压强下均质，料温40℃、真空度93.3千帕下脱气。

（7）灌装、杀菌、冷却。脱气后升温至96℃以上，趁热灌装，灌装后料温在88℃以上。然后倒置放入杀菌锅中，100℃温度下杀菌处理15～20分钟，再迅速降温至35℃，进行保温检验。

3. **产品质量标准**　产品呈浅绿色，均匀一致，汁液质地均匀、流动性好，无明显粘黏口感，久置无分层、无沉淀；酸甜适口，有猕猴桃果实的芳香，无异味。可溶性固形物10%～12%，有机酸0.4%左右，原果汁含量≥50%。符合国家规定的食品卫生标准。

（二）浓缩果汁

1. 工艺流程　猕猴桃原汁→杀菌→浓缩→冷却→灌装→密封→包装→成品。

2. 技术要点　浓缩型果汁的生产中最主要的工艺是浓缩，根据实际需要，可以采取抽真空浓缩、冷冻浓缩或反渗透浓缩的方法。

经过澄清处理并经过一段时间贮存的猕猴桃原汁中存一定数量的微生物。因此，在浓缩之前应再利用薄板热交换器进行杀菌，一般杀菌温度90℃、时间持续30秒钟。避免在浓缩之后加热杀菌，因为浓缩果汁在较高温度条件下极易发生褐变，使风味和质量受到破坏。

（1）抽真空浓缩。即在减压条件下，加热使猕猴桃果汁中的水分迅速蒸发而进行浓缩。这种真空浓缩温度一般为40～50℃，真空度约为94.7千帕，浓缩设备是由蒸发器、真空冷凝器及附属设备组成。由于猕猴桃果汁中的芳香物质基本上随最初蒸发出来的9%果汁水分一起被带出来，因此，必须在蒸发器上装有特殊的冷凝器来收集前馏部分，待果汁浓缩结束后再将含有果汁芳香物质的前馏部分加到浓缩汁中。

（2）冷冻浓缩。即将猕猴桃果汁冷却到－2℃以下，果汁中的水将形成冰结晶，分离这种冰结晶，使果汁中的可溶性固形物得到浓缩，从而获得猕猴桃的浓缩果汁。冷冻浓缩设备由搅拌冷冻和析出结晶的分离器两大部件构成。在浓缩过程中猕猴桃的芳香成分及维生素C几乎没有损失，可以获得风味良好、品质优良的猕猴桃浓缩果汁。

（3）反渗透浓缩。猕猴桃果汁的浓缩也可以采用反渗透浓缩，即以半透明薄膜为界面，在原液上加上一个比渗透压略高的机械压力，使汁液中的水分被除去而达到浓缩的目的。在反渗透过程中，原料所需的压力可由泵或其他方法来提供。

浓缩果汁灌装所用的不同型号的塑料瓶、玻璃瓶及纸质容器等，同生产场所、贮存容器、输送管道一样，均要进行杀菌消毒，以实现无菌灌装。

猕猴桃浓缩汁在生产过程中要尽量减少接触空气的机会，避免直接接触铁、铜等机械设备，因为浓缩汁中过多的金属离子将促进其中的维生素C等成分的氧化，使果汁中的营养价值和风味、质量都受到破坏。

3．**产品质量标准**　产品色泽呈浅绿色，均匀一致，汁液透明，无分层、无沉淀；酸甜适口，具有浓郁的猕猴桃果实的芳香，无异味。浓缩3～6倍。重金属含量等指标符合国家规定的相关标准。并且还要符合国家规定的食品卫生标准。

四、猕猴桃罐头加工技术

（一）工艺流程

原料选择→清洗→去皮→修整→预煮→装罐→排气→密封→杀菌→冷却→检验→贴标→成品。

（二）加工技术要点

1．**原料选择与清洗处理**　选用七八成熟、果实个体大小较均匀的中等果实为原料，剔除烂果、过大过小果、病虫果、机械伤及畸形果。品种以老皮绿肉为好，用清水清洗干净，晾干备用。

2．**去皮、修整**　将清洗干净的果实投入煮沸的烧碱溶液（10%～15%）中浸泡2～3分钟，待果皮由黄褐变黑并产生裂缝时，用笊篱捞出。戴上橡皮手套，用双手轻轻搓去果皮，然后置于清水中不断清洗，除去碱味。用不锈钢刀挖去花萼、果蒂，去除残余果皮及斑疤，并按色泽和大小分级。

3．**预煮**　将去皮修整后的果肉放在沸水中预煮3～4分钟，捞出后迅速冷却。

4．**糖水配制**　65升清水加35千克白糖，加热煮沸后用绒布或4层纱布过滤。用柠檬酸调pH为4，糖水温度保持在80℃以上。糖水随用随配，不得积压。

5.装罐　选色泽一致、大小均匀的果块装罐，然后加入糖水，罐内留2～3毫米的顶隙，罐盖与胶圈须用100℃热水烫煮消毒5分钟。装罐后，放入排气箱（图4-7）内进行排气，蒸汽温度98～100℃，排气10～12分钟，至罐中心温度达到80℃以上时封盖。如无排气箱，也可用蒸锅代替。排气温度和排气时间要妥善掌握。封盖后立即杀菌，即5分钟内使杀菌锅内的温度上升到100℃，并在此条件下保持18分钟。

图4-7　罐头排气箱

（三）产品质量标准

果块呈淡黄色、青黄色或青绿色，同一瓶中果个大小、色泽一致，糖水透明，允许有少量不造成糖水浑浊的果肉碎屑存在。具有猕猴桃独有的风味，甜酸适口，无异味。果形完整，软硬适度，不带机械伤。开罐时糖水浓度（以折光计）在18%～20%为合格，果块含量不低于净重的55%。无致病菌及因微生物作用所引起的腐败现象（图4-8）。

图4-8　猕猴桃罐头

五、猕猴桃酒加工技术

猕猴桃可以制成很多发酵产品，如发酵型猕猴桃汁、猕猴桃酒和果醋等。其中猕猴桃酒营养丰富，香醇可口，风味，对于尿道结石、高血压、心血管病、消化系统疾病和癌症都有一定的疗效。其家庭手工加工技术简单易行，投资少，是猕猴桃种植户从种植向加工发展的简易途径。猕猴桃酒还可以分为半干型、白兰地、预调酒和啤酒等多种类型（图4-9），发展前景良好。

图4-9　猕猴桃酒

（一）工艺流程

分选→破碎→接种酵母→初发酵→分离→调整→前酵→陈酿→倒罐2次→成熟酒液→勾兑→澄清→过滤→灌装→杀菌→成品。酿酒设备见图4-10。

图4-10　酿酒设备

（二）加工技术要点

1. **原料选择、破碎** 选择九成熟、果肉翠绿、无腐烂、轻微变软的优质果实。除去表面茸毛、污物等。用打浆机将洗净的猕猴桃打成粗浆，同时将果皮等废渣由渣口排除。

2. **接种** 酵母的选育和用量是接种的关键。猕猴桃酒酵母用量没有白酒那么严格，但用量过少，残糖高，醇度上不去，易受杂菌污染，影响品质。适宜的酵母用量为7%～10%。

3. **初发酵** 接种后的猕猴桃浆汁在密闭的发酵罐中进行初期发酵，发酵温度30℃左右，初期发酵的开始阶段进度比较缓慢，过了这一阶段后酵母开始迅速发酵，这时可见插入水中密封的排气口处有大量二氧化碳气体冒出。开始阶段时间长短因酵母种类、接种量、酵母活力而有所不同。

4. **分离** 初发酵后的猕猴桃浆汁中所含的大量果肉、沉淀因子和老化的酵母也因发酵速度的降低而逐渐沉降下来，此时将浆汁通过杀过菌的板框式压滤机除去沉淀物和大部分悬浮物，然后将杀过菌的浆汁贮罐进行成分调整。

5. **调整** 主要是对初发酵汁液的糖度和酒精度进行调整。可在前酵期添加适量糖水，使发酵醪糖度提高5～6度，将其发酵后酒精度提高至7%～8%。

6. **前酵** 在前酵期，伴随酵母的大量增殖和发酵产酒，使发酵醪的温度上升，若升温过猛就会加速纯种酵母的衰老，易受杂菌侵害而降低酒度，影响品质；同时，升温又会促进维生素C的氧化而受到破坏。因此，为使发酵顺利进行，在鲜果前酵期必须保持27℃左右的发酵温度。

7. **陈酿** 在发酵中残糖量降到1%以下时，再加食用酒精调整酒度至15%左右密封，进行陈酿。陈酿期间倒罐2次，及时除去酒脚以防沉淀物影响酒质的成分溶出，并防止因酵母的自溶而使酒浑浊。陈酿后得到成熟的猕猴桃酒。

8. **勾兑** 经陈酿后的猕猴桃原酒酸度高，无法直接饮用，应

按质量要求调整好糖度、酒精度和酸度，并密封贮藏一段时间再灌装。

9.澄清 调配后的果酒澄清度较差，存放时间长了会出现大量沉淀。因此，必须先进行澄清。

目前果酒澄清的最好方法是混合活化快速澄清法。具体操作是称取粉末钠基膨润土1千克（500千克酒的用量），用沙滤水配成80%左右含量，静置10分钟。称取303型粉末活性炭0.25千克，投入已静置好的膨润土溶液中，进行混合搅拌均匀，然后进行活化处理5分钟后，迅速将已活化好的混合胶剂投入酒中搅拌均匀，10分钟后过滤即得清亮透明的酒液。

10.灌装、杀菌 澄清后的猕猴桃酒用果酒灌装机灌装并密封，然后送入加压连续式杀菌设备中杀菌并冷却，得到猕猴桃酒成品。酒精度在15%以上时，可不进行杀菌，直接灌装即可。

（三）加工中的注意事项

1.维生素C的保留 猕猴桃维生素C含量高是其主要特色之一，也是其加工食品的特色之一，但维生素C在加工过程中很容易受各种因素的影响而大量损失。主发酵应在较低温度下进行，以27℃开始为宜，期间升温幅度不超过5℃。果汁避免接触铁器，发酵中尽量减少果汁与光、空气的接触，满缸、封缸隔绝空气等措施均可减少维生素C损失。

2.鲜果后熟度和酿酒的关系 只有八成熟的微软果，糖含量高，产酒率高，总酸、挥发酸、单宁含量低，汁液鲜美、清香、风味好。所以对刚采收的鲜果，须经6～7天的后熟软化处理，使其微软显清香时再进行破碎发酵。

3.分离时间的确定 猕猴桃鲜果发酵时间不能太长，如果超过3天，总酸、挥发酸、单宁含量升高，而且酒精产量降低，酒精度呈下降趋势，糖度下降少，易受杂菌侵入；如果超过5天，由于受酒花菌污染而无法再发酵。因此，混合发酵的适宜时间为3天，挥发酸含量不超过0.05%，单宁含量不超过0.15%为宜。

（四）产品质量标准

产品呈淡黄色或浅黄色，清亮透明，酒体均匀一致，醇厚甘润，酒体丰满，回味无穷，具有猕猴桃酒特有的芳香。糖度≤4克／升，每100毫升含酒精14～16克，总酸度≤6克／千克。无致病菌及因微生物作用所引起的腐败现象。

参考文献

艾应伟，范志金. 2005. 四川盆周山区发展特色优质称猴桃的优势与对策[J]. 中国农学通报, 21 (11): 259-261.

陈启亮，陈庆红，顾霞，等. 2009. 中国猕猴桃新品种选育成就与展望[J]. 中国南方果树，38 (2): 70-76.

邓捷锋. 2007. 猕猴桃需肥特性及施肥技术初探[J]. 陕西农业科学 (1): 175-176.

段眉会，雷菊霞. 2008. 提高猕猴桃贮藏性的栽培技术[J]. 河北果树 (5): 51-52.

郭晓成. 2007. 猕猴桃溶液授粉技术[J]. 山西果树 (1): 16-17.

韩礼星. 2002. 猕猴桃优质丰产栽培技术彩色图说[M]. 北京：中国农业出版社.

何桂林，吕平会. 2013. 猕猴桃周年管理关键技术[M]. 北京：金盾出版社.

黄宏文. 2001. 猕猴桃高效栽培[M]. 北京：金盾出版社.

黄宏文. 2003. 猕猴桃研究进展（Ⅱ）[M]. 北京：科学出版社.

黄宏文. 2007. 猕猴桃研究进展（Ⅳ）[M]. 北京：科学出版社.

金方伦. 2008. 不同修剪方法对猕猴桃新蔓发育和产量的影响[J]. 贵州农业科学, 36 (5):142-143.

彭勃，王新平，孟庆青. 2008. 猕猴桃需肥特性及施肥技术[J]. 中国农技推广 (12): 30-31.

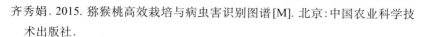

齐秀娟. 2015. 猕猴桃高效栽培与病虫害识别图谱[M]. 北京:中国农业科学技术出版社.

汪冰, 郭书普. 2006. 猕猴桃良种及栽培关键技术[J]. 北京:中国三峡出版社.

王明忠. 2005. 红阳猕猴桃质量体系研究——病虫害及其防治[J]. 资源开发与市场, 21 (5): 443-446.

郁俊谊, 刘占德. 2016. 猕猴桃高效栽培[M]. 北京:机械工业出版社.

张忠慧, 黄宏文, 王圣梅, 等. 2006. 猕猴桃黄肉新品种金桃的选育及栽培技术[J]. 中国果树 (6): 5-7.

图书在版编目（CIP）数据

彩图版猕猴桃栽培及病虫害防治／刘兰泉主编.
—北京：中国农业出版社，2016.8（2017.10重印）
（听专家田间讲课）
ISBN 978-7-109-21807-9

Ⅰ．①猕… Ⅱ．①刘… Ⅲ．①猕猴桃－果树园艺－图
谱②猕猴桃－病虫害防治－图谱 Ⅳ．①S663.4-64
②S436.634-64

中国版本图书馆CIP数据核字（2016）第136476号

中国农业出版社出版
（北京市朝阳区麦子店街18号楼）
（邮政编码 100125）
责任编辑　郭晨茜　孟令洋

北京通州皇家印刷厂印刷　　新华书店北京发行所发行
2016年8月第1版　　2017年10月北京第2次印刷

开本：880mm×1230mm　1/32　　印张：3.75
字数：100 千字
定价：25.00 元
（凡本版图书出现印刷、装订错误，请向出版社发行部调换）